心怀暖意迎向生活的人，

都是人间至宝。

这世界喜欢晴朗的人

清蓝 著

中国妇女出版社

不要因为没有最好的回报就不付出，

也不要因为没有完美的结果就不开始。

不是变厉害了才开始，

而是要先开始才会变得厉害。

把“爱自己”放在“被人爱”之前。

当你不必取悦别人，

不必为了让别人感到舒服而牺牲自己时，

你会过得更好。

你害怕迈出第一步，

但一年后站在同样的地方不是更害怕吗？

先出发，路上缺啥补啥。

人生路长，万事皆可期待。

任何值得做的事，都值得第一次就做砸，

这是因为它加速了你的决策，让你直接行动。

否则，你会花好几个小时来决定应该做什么或怎么做。

远离那些

不能为你的成功、

你的快乐、

你的幸福

而感到高兴的人，

越早越好。

生活就像做饭，

大米要洗，蔬菜要择，鸡翅要腌，连酸辣粉都要等上五分钟。

很多事都有自己的节奏和过程，

你要舍得给予时间和耐心。

凡事总想顾及所有人的心情，

不是因为你有大局意识，

而是因为你还没有足够的实力，

支撑你的果敢和坚定。

生活中总是到处碰壁，

有的人觉得是被刁难，

有的人觉得这只是事件的顺序安排，

先苦后甜而已。

你觉得它是什么，它就是什么。

太喜欢那种“即使很多事一起向我砸来，

我也能沉下心来慢慢做规划，

把一件一件小事全都安排好，

最后完成进度”的感觉。

前 言

心怀暖意迎向生活的人，都是人间至宝

你有没有那种感觉？自己就像用了很久的电池，即使经常充电也充不满，而且电量掉得特别快，总是在疲惫和倦怠两种状态间切换。

已经很久没遇到喜欢的事了，偶尔清醒时，自己也会叹气：怎么这么没意思啊！

你觉得自己不会发光了，以至于想起以前充满活力的样子仿佛是另一个人。

年轻人的生活中没有步步为营这回事，都是在试错中慢慢长大的。犯过几次错，偷过几天懒，萎靡地过一个春天，错过几个机会，都不足以让人此生一蹶不振，你大可不必为此忧心忡忡。

一个人退化的标志是没有了野心：身陷困境，被生活打得体无完肤，所有愿望都烟消云散，再也提不起那股心气儿。

生活并不是在一瞬间杀死你的，而是从你内心冷了、失望了、妥协了那一刻开始的。

不要再那么关心外面的风霜雨雪了，要多关心自己内心的天气。

你快乐，它就是快乐的一天；你无聊，它就是颓废的一天；你有趣，它就是充满希望的一天。

你是晴朗的，无论风霜雨雪，都是好天气。

生活并非充满了不幸，只是有一些不幸的时刻。那些让人哭泣的时刻，其实你也可以笑对。好心态是珍贵的礼物，坏心态则会把人变成怪物。

晴朗的人，明知道生活是好坏参半的，却依然选择用爱与希望为它上色。

你不喜欢这个世界背后的原因，一定是不喜欢现在的自己。真正的爱自己，是努力去做自己喜欢做的和有趣的事，让自己的内心充满喜悦，让每一天都以自己喜爱的方式度过。

晴朗的人，对于爱自己这件事最大的体验是：你越爱自己，越是迷人。

越长大越觉得保持对生活的热乎劲儿很重要。你还这么年轻，还有很多没完成的梦想、没去过的远方、没见过的风景、没尝过的美食、没遇到的朋友或伴侣……还有这么多美好的事在等你，眼前怎么坏都别放弃，别给自己留下遗憾。

晴朗的人，不辜负每一场花开，不辜负每一次邂逅，会披星戴月地奔向理想和热爱。

认定生活必须是某个样子，就必然给你带来烦恼。有怨天尤人的时间，不如拿来扭转糟糕的局面。当你不再把挫折和苦难当成刻意的针对，而视其为自己升级打怪所攒的经验值，就不再害怕失败了，因为每一次你都不是从头开始，而是从经验开始。

晴朗的人，不是相信永远阳光明媚，而是在阴暗里也能保持自己的温度。

当你熬不住的时候也想找个靠山靠一下，可最后发现，有的山长满荆棘，有的山全是野兽。托付给别人就意味着把选择权交出去，最终等到勉强的结果。

晴朗的人，从不指望什么靠山，而是让自己成为那座山。

晴朗是一种态度，活得鲜活而有温度；晴朗是一种定力，能抵抗世事震荡。

一个人身边发生的一切，都是由他的特质吸引而来。你是晴朗的，你的世界就是明媚的；你是简单的，你的世界就是条理清晰的。

你敷衍度日，世界就会对你不理不睬；你丰富多彩，世界就会对你宠爱有加。

你喜欢好天气，这世界喜欢晴朗的人。

满面风霜还能心怀暖意迎向生活的人，都是人间至宝。

生活并不总是跌宕起伏、壮烈而凄美的悲喜剧，它更像是一场堆砌在鸡零狗碎上的修行，微不足道却又意义非凡。

一个人的一生，经历万千风雨，全由内心扛起，若是内心强大，生死之外，全是擦伤。

那些坏天气，总会过去的。

做一个晴朗的人，对的人和好的事就会迎光而来。

做一个晴朗的人，即使在别人眼中诸事不宜的日子，也要阔步前行。

就算人生是一出悲剧，

你也要有声有色地演好这出戏，

不要失掉了悲剧的宏大和壮丽；

就算人生是一场梦，

你也要有滋有味地做好这个梦，

不要失掉了梦的情致和乐趣。

目录

只有用最短的时间，

做好自己该做的事，

才能有更多的时间，

去做自己想做的事。

01

不是拒绝你的，便与你对立

1

有些拒绝并不意味着这世界不喜欢你，而是要给你更大的惊喜。

我曾经特别怕被人拒绝。

我大学毕业的时候曾去某个地方电视台面试。我在网上投了简历，该电视台某个负责人看了简历之后打电话联系我，然后我们约好时间见面。我按约赶去之后，却没有找到那位负责人。

原来他临时出差去了，还忘记了之前曾和我有约。他在电话里很抱歉地让我去找他的一位同事，并说他的同事会和我好好谈。然后我跑遍了全电视台，终于找到了那位同事并说明了来意。

结果就是，他的同事傲慢地把我扫视了一遍，皱着眉头问我：

“×× 对你说我们台要招人吗？我怎么不知道。”

我一下子就愣住了，觉得特别窘，只好解释：“我是在网上看到你们的信息，投了简历，然后 ×× 联系了我，叫我这个时间过来和他谈，但没想到他出差去了，他说会请你和我谈。”

但这位同事没等我说完就转过头不再看我，一边盯着一台机器，一边很不耐烦地说：“好了好了，我这里很忙，我们台现在不招人，你走吧。”

我手里捏着一份简历，身上穿着一套借来的很贵的衣服，在寒冬里脚踩一双露脚背的单层高跟鞋，犹豫了一下，还是厚着脸皮说：“老师，你要不先看看我的简历？本来已经和 ×× 老师约好见面谈的，×× 老师也说现在台里需要一个负责计算机的人……”

这位同事从机器上抬起头来，皱着眉头大声说：“你和 ×× 约好了，那你去找 ×× 谈啊，找我干什么？走走，我这里还要工作呢！”

她一边说一边走过来，当着我的面把门“砰”的一声关上了。

我吓了一跳，整张脸立刻红了个彻底。是的，当时年纪轻轻的我，还从来没有被人如此丢脸地拒绝过。

我的自尊心受到了极大的打击，回去之后，我愤愤不平地向我的朋友、我的父母讲述那个“恶毒的中年妇女”到底有多么穷凶极恶、心理变态、素质极差。

我的朋友和父母听了我眉飞色舞的讲述后都站在了我这边，纷纷对那个素质极差的人表示了强烈的鄙视。他们都说："此处不留人，自有留人处。这个地方拒绝你，不代表其他地方拒绝你。"

我也这么认为，并对这家电视台充满了鄙视，心想：素质那么差的人都能在那地方工作，可想而知，这是个什么样的地方，求我去我都不去了。

戏剧性的是，几天后，我居然又接到了原来那个负责人的电话，他再三向我表达了失约的歉意，并声称他已出差归来，诚恳询问我可否再去和他详谈。

我想都没想就拒绝了他的邀请，同时在心里狂笑了三声，获得了一种类似复仇的畅快感。

但我没意识到的是，与此同时，我曾心向往之的电视台工作也悄悄与我失之交臂了。

被人拒绝，当然伤心，这是正常的情绪反应，只要没有引发两种严重的后果，根本不算什么。

这两种严重后果是什么？一是自我否定，别人拒绝我，一定是我不好，然后自怨自艾，自暴自弃，证明自己更加不好；二是心生怨怼，无限沉溺在被拒绝的坏情绪里，每次想起此事，又把对方恨了一遍。

生活不会好戏连台，如果只为梦想尽了一点本分，踩了几次坑，爬过几道坎，就觉得吃了大苦、遭了大罪，就应该被善待和夸赞，那你可是太幼稚了。

当你作出自己的选择那一刻，一定要明白那意味着什么。

我们都曾被自己捏造的那个假设、那个矛盾丛生的自己、那个看不见光的时刻吓破过胆。其实你不必害怕，那只是寥廓天空中的一小朵乌云，你还有长长的路要走，你还有许多阳光明媚的时刻。

2

长大意味着，我们担心被拒绝，害怕没面子，于是试图把自己变得不在乎和无所谓，也因此错过了很多惊喜发生的可能。

大学时，曾有一个男生追我们宿舍的一个女生。男生长得还算帅，就是有点矮。女生呢，身材修长，面容干净，气质也佳，还有才华。

女生从一进校就追求者众多，男生在众多的追求者中是很普通的一位。女生性格高冷，转头一看底下黑压压一群追求者就感觉心很累，于是宣称自己要专注学业，大学期间坚决不谈恋爱。

这种间接拒绝法的确帮她筛掉了一大半的追求者，剩下的一小半却还是老“骚扰”她。女生不胜其扰，于是又想了一个办法。

有一次，她故意答应了一个追求者的约会邀请，却在约会的时候，对那位追求者极尽挖苦。

她说："我之所以选择和你约会，就是为了让你彻底死心，我真的不喜欢你从头到脚的任何一点，以前是，以后也是。所以，你别再骚扰我了。"

这番严词拒绝一出，那位男生顿感脸面全无，不由心生恼怒。为了顾全自己的脸面和发泄自己心里的恼怒，他只好在其他男生面前极力抹黑昔日的"女神"。

"性格古怪"的标签一被贴上，又帮女生筛掉了一大半追求者。

自始至终，就那位"很普通"的男生对女生不离不弃。实际上女生也拒绝过他很多次，每一次的言辞不可谓不犀利，但男生却一点都不恼怒。

女生说："我性格古怪，很不好相处。而且你也太矮了，我不喜欢矮个子的男生。"

男生说："性格古怪是别人说的，你人到底古不古怪，我要和你相处久了才能知道。而且就算你古怪，也不代表我不喜欢。我知道我矮了点，你不喜欢个矮的男生，那我也长不高了啊。你不喜欢我没关系，我可以陪着你。"

喜欢是棋逢对手，而爱是甘拜下风。

如今，这位"性格古怪"的女生和这位"很普通"的男生已然结婚十余年了。两人非常幸福，一直相处融洽。

为什么最终还是选择了这个男生呢？女生是这样说的："如果一个人在面对严词拒绝时能够做到心不慌、气不喘，既不恼怒，又不自卑，还有能够心平气和看清事物本质、就事论事的能力，那么和这个人一起生活，将会是一件非常惬意的事。"

大多数人都做不到在"恶毒的拒绝"面前脸色如常，而能够做到客观地看待拒绝的人，必然有其出众之处。

作家莫言说过的一句话我特别喜欢："年轻的时候爱上什么都不为过，成熟的时候放弃什么都不为错。每个人终其一生都在寻找那个与自己灵魂相近的人，到后来才发现唯一契合的只有自己。"

也许并不完全如此。这世上可能真的有另一个人，他的出现，只是为了补齐我们，让我们的灵魂圆润，让日子温暖。

3

作家乔叶说："你以为永远也走不尽的长路，其实也许是一座有头有尾的短桥；而你以为过后即可拆掉的一座小桥，却也许是一段你一生也走不尽的长路。"

我们对生活的认知也常常被偏见所蒙蔽。你可能觉得生活中所有的门都关上了，但要记住，关上了并不代表锁上了。

在很多人看来，拒绝就意味着否定。被人拒绝，就意味着被人从头到脚打上了一个大大的叉；而只有被人肯定、被人接受，才意味着被人打上了一个对号。

这是典型的对错思维。在对错思维里，整个世界都被一分为二了，一件事不是对的，那就一定是错的。假如一个人的思维方式习惯了对错思维，那么在遭到拒绝的时候，自信也会遭到致命一击，那会削弱你的自信，浪费你的时间，掩盖你的个性。

如果经常身处一个被否定、被质疑、不自信的环境里，人是会变形的。

比如，贬低自己。表现为一遭遇了拒绝，就觉得自己很没用，从此失去信心，一蹶不振。

再如，贬低他人。表现为一遭遇了拒绝，就开始觉得那个拒绝自己的人很坏，素质低下，没水平。

也有可能既贬低自己又贬低他人。但无论是贬低自己还是贬低他人，他们的内心都会燃起愤怒的火焰，而就是这种怒火，让他们完全失去了理智，失去了看清事物真相的能力。

成熟，就是我们不再仅仅把被喜欢和被拒绝，当作我们判断和选择的唯一标准。

4

对错思维的一个显著特点就是非对即错，一件事只有两种状态，对或者错。比如，有人总认为不赞同他的意见就是在和他作对，甚至有人认为别人对他不热情都是在和他作对。

实际上，世界并不是非黑即白，黑白之间的颜色千变万化。“热”与“冷”是一对反义词吗？它们是对立的吗？世界上是不是除了热就是冷呢？

尼采曾说过：“热”与“冷”并非对立，这两个词只是为了更直观地表现出自己对某种现象所感的程度差距罢了。若是误以为现实中也充满对立，小小的麻烦便会成为困难与辛劳，小小的变化便会成为巨大的痛苦，单纯的距离便会导致疏远与决裂。

世界上除了对错，还有对错之间更为广大的区域存在；世界上除了黑白，也还有黑白之间更为广大的灰色区域存在。冷热是温度的差别，黑白是颜色的差别，对错是事的差别。

世界是复杂的，某一次的拒绝或认可不会起决定作用。

不要奢望所有的人都喜欢你，因为你也无法承受那个所有人都喜欢的样子，电影里的英雄都有坏人讨厌，更何况是现实生活中的我们。别人讨厌你，关你什么事，说得好像他喜欢你，就能升华你的人生似的。

当你遭遇拒绝，首先应该做的事，并不是忙着去找批改的红笔，而是先理智地看看，这个拒绝到底告诉了你什么，这个拒绝里到底隐藏着什么。

一个人怎样面对拒绝，体现的是他能否穿越被否定的迷雾，看到清晰的事实。而一个人只有看清事实，才会更有效率地处理问题，把握住机会。否则，你会迷失在情绪的迷雾里，放任机会从身边轻易溜走，还认为自己委屈万分。

成熟，就是突破了对错思维，以更加广阔的维度来看这个世界。

你不必再寻求认可，不必再活在别人的期待中，要敢于拥有被讨厌的勇气。所谓“被讨厌的勇气”，并不是故意去找虐，而是如果你觉得那是你最想要的东西，那么就算可能被讨厌，也要坚持到底。

这样的你，不会轻易被一颗甜枣骗得脸红，也不会轻易因为一个巴掌而自我否定。别人给你，你要开心笑纳；别人不给你，你也不会慌张害怕。别人喜欢你，你要真诚对待；别人不喜欢你，也不必在意。有为别人鼓掌的气度，也要有允许自己出糗的心态。

一个人魅力体系的形成中，必须在某些时候冒一点不被喜欢的风险，盲目地增加仅仅是“看你顺眼，不讨厌你”的受众，很难产生不可替代的吸引力。

成熟，就是多一点钝感，少一点敏感，就是你总是很开心的样子。

02

别让过去的自己，挡住未来的你

1

很多人都有成大事的能力，但他们不相信自己能行，他们花了太多时间用来质疑自己，最后什么都没做。

我感觉朋友小檬最近常常神游，便问他怎么回事。他说正在考虑一件事，思前想后拿不定主意。

情况是这样的：他有个老同学小天，一天前在朋友圈发了条动态，说自己最近新店才开，业务什么的都要亲自上阵，还要跑两个老店，忙到快要抓狂，觉得实在是太吃力了，于是灵光一闪提出一个计划。

小天的计划是给新店找个合伙人。合伙人出资 10 万元即可，店里的盈利均分，客源、货源、技术、经营都不用愁，因为他做这行也十多年了，可以说对这块市场蛮有经验的，目前的生意算是蒸蒸日上，他找合伙人只是因为自己时间和精力有限，实在忙不过来。

小檬看到这条动态，有些心动。

他本职工作是在一个文化事业单位上班，很闲，但是工资也很一般，所以正在琢磨有没有什么副业可以搞搞。10万元虽不少，但也不多，他工作这么多年，这点钱还是拿得出来的。

只是，老同学偏偏从事的是宠物美容行业，常年和动物打交道，而他从来没有想过自己能够和猫、狗亲密接触。

小时候他见到猫、狗都要远远躲在一边，猫、狗对他来讲，就是危险的、完全无法了解的生物。

他看了小天发的视频，想象自己能否超有爱心地坐下来，给一只凶巴巴、流着口水的狗剪毛，或者替那些大大小小的猫、狗清理粪便，在充斥着动物体臭和病菌的店面里一边打喷嚏，一边和蔼可亲地向尊贵的顾客推销宠物美容项目……

他想象了三天，实在没有信心。但他同时又觉得花10万元就可以做一个成熟店面的合伙人，有人带、有人教，而且不愁客源、技术，很值啊，是个相当好的机会。

到第四天的时候，他终于下定了决心，告诉小天，经过深思熟虑，他想要做那个合伙人。

但是小天却相当遗憾地告诉他，早在消息发出去一个小时后，就已经找到合适的人选了，正巧也是他们的老同学——小雷。

不久后三人一起吃饭，小檬才知道，两位老同学干得很有默契，短短几个月，店的盈利就翻了几倍，已经准备加开第四家店了。

小雷坦陈，在此之前，他对这行完全不懂，甚至看到狗，他都避之唯恐不及，因为他小时候被一只凶狗咬过，心里有阴影。

他从来没有想到，自己有朝一日会爱上这个行业。“当时也是犹豫了一下，因为实在怕狗。但幸好拍板及时，不然也不会知道我原来对宠物美容还挺在行的。”小雷说。

改变人生的转机真的有，可它来时悄无声息，并不像喜剧中的那一声开场锣，让人精神抖擞地迎接大幕徐徐拉开，你要用心感知它的姗姗来迟。

机遇说来就来，它没有半点前奏，也容不得你提前思考和准备，但只要抓住了，很可能彻底改变你的人生走向。

又过一段时日，小檬从朋友圈了解到，小雷自己又开了一家超大的宠物会所，顾客络绎不绝，全奔着小雷出色的美容手艺而来。一向怕狗的小雷竟然成了本地宠物美容行业里的翘楚，这可能是连他自己都没有预料到的。

小檬错失了一次机会，原因不过是他认为自己从没做过，所以“不知是否做得来”。归根结底，是他“觉得”自己做不来。当一个人被自己的“觉得”控制的时候，他就脱离了真实的现实，活在了想象中。而头脑的想象，基于个人的不同，总是千奇百怪，囊括了无数可能性。

但这些想象再丰富，它们也不是现实。小檬到底做不做得来这个行业，检验的方法只有一个：到现实中去身体力行。

平庸的人改变结果，优秀的人改变原因。

很多人会被以前的失败经历所禁锢，不敢再去碰触过去。其实，以前的经历和下次的结果无关，而且只有你先去尝试，才有可能改变这种失败的影响，不然只会永远陷在臆想的心境里。

失败了就放弃，永远成不了独当一面的大人。一个人的模样，一个人的能力，一个人的喜好，只有到现实中去实践才能知道，而不是在想象或习惯中。

2

这世界除了心理上的失败，实际上并不存在什么失败，只要不是在心里妥协了，你就一定还有机会。

实际上，你今天的模样，在很大程度上，是过去的自己给画出来的。过去的你在想象中认为自己是什么样，那你今天在现实中就是什么样；现在你认为自己是什么模样，那未来你就会长成什么模样。

一个人的能力，一个人可以从事的行业和可涉足的领域，也是自己决定的。小时候，原生家庭和环境影响着我们，塑造着我们。长大后，影响着我们的，是自己；塑造着我们的，同样是自己。

我们大多是全盘接纳了原生家庭和环境赐予我们的催眠咒语，在后半生继续虔诚地用它来自我暗示。

小时候，我很弱，除了看不见的脑细胞，看得见的各方面都弱得不行。我长相普通，气质亲民，口齿笨拙。根据以上条件你随便掐指一算，大概也能算出我当时心理阴影的几何面积。

我还记得小学时有个不爱干净的女生被人嘲笑，我愤愤不平地跑去安慰她。她吸着鼻涕梨花带雨地看着我，恳切地说："清蓝，你长得真的不怎么样，真的。"

我是常年跑步倒数第一的"冠军"，从小学，到中学，再到大学，这个排名从来没有波动过。因此，我讨厌跑步，讨厌一切运动。我认定了自己不是运动的料，心甘情愿一直身体虚弱，脸色苍白，精神萎靡。

如果你问我的小学同学：清蓝是什么样子的？他定然会说：清蓝啊，除了学习成绩，其他都很糟，体育尤其糟。你再去问我的大学同学：清蓝是什么样子的？他定然会和我小学同学心有灵犀，异口同声：清蓝啊，除了学习成绩，其他都很糟，体育尤其糟。

是的，常年以来，我以为这画像就是我自己。直到有一天，我突然跑完了两千米，并天天坚持跑两千米。然后，我发自内心爱上了运动。跑步、跳绳、瑜伽、羽毛球、网球、游泳……一一亲身体验后，我发现，原来我可以，原来我喜欢这些。

直到有一天，我站在讲台上，心静如水地面对一屋子资历比我高得多的老教授、学院领导侃侃而谈、不卑不亢，我才发现，原来我也可以，原来我也喜欢这样。

直到有一天，我对着镜子看到自己虽然长相普通，但还算干净、端庄。哦，原来这才是真实的我。

那么，为什么我会一直坚信不疑，我看得见的各方面都弱得不行呢？这个信念究竟是从哪里来的？

我回想的时候，一些声音出现在我脑海中：她就是死读书的料，除了成绩尚可，身体不行，又内向，不会说话，还胆小，一点都不大方。这个声音不是某个具体的人说的，而是小时候我成长环境里各种各样声音的混合体。

当我长大了，这个混杂的声音，就开始变成了我自己的声音。我忠实地背诵了别人对我的点评，并诚惶诚恐地用同样的内容绘制着自己虚弱的画像。

任由自己的声音被别人的咆哮淹没，会让你失去对自我的真实判断。就像把一枚海螺贴在耳边，便以为自己听到了大海的声音。

但那并不是事实，而只是我给自己画下的画像，我对着那虚幻的画像不停催眠自己：看，这就是你。

如果我不到现实中去尝试，如果我不去跑那第一个两千米，如果我不在汗水中感受自己真实的呼吸和心跳，我也许永远都不会知道，原来，我的画像不是事实；原来，真实的我还拥有着无限多的可能性；原来，我一直以为的我，并不是我。

不能正确地认识自己，会阻碍你的发展，因为总觉得自己不够好，干什么都力不从心，无法全力以赴。

要坚持一些让自己不堕落的原则。妥协并不是最惨的，更惨的是，你妥协了，还一无所获。

3

当你下定决心准备做一件事时，最困难的时刻就已经过去了。

一个人如果不能想象到机遇的模样，他就很可能与各种良机擦肩而过而不自知。甚至，当机会就在他眼前，他也看不到。即使看到了，他也不敢伸出手。即使伸出手了，他也很难握得住。

很多时候，没有得到自己想要的东西，没有过上自己想要的生活，往往是因为你没有积极主动地去尝试、去争取。

比如，小檬仅仅因为自己的一个消极的暗示“猫、狗是麻烦的、危险的、不适合我的”，便与机会擦肩而过。当然，他也可以等待下一次更好的机会，但下一次机会万一又是他不熟悉的甚至更讨厌的某个行业呢？

不要仅仅因为“讨厌”“不适合”便立刻拒绝，倒不如先静下心来仔细地追溯一下，你为什么会“讨厌”，为什么会认为“不适合”。深入地想想你的“讨厌”从何而来，你认为的“不适合”到底是你真正认为的，还是在无意识中被环境催眠的。

你终究会成为你正在成为的人，你的每一次选择都来自你对世界的认知。

人生最大的乐趣，在于答案没有正式揭晓前，什么都是可能的。

自尊告诉你：这不可能。经验告诉你：这有风险。情理告诉你：这毫无意义。但你的内心却轻声说：试试看吧。

宁可让自己因有所为而后悔，也别让自己因一再犹豫而后悔；宁可让自己因一场真实的人生体验而后悔，也不要让自己的妄自猜测阻碍了改变的发生。

人生里很多“极限”是自己设下的。

自我设限是给自己加装了天花板。每个人都是终生变化的变量。这个变量，会随着环境的不同而变化。

你尝试得越多，涉足的领域越多，接触的现实越丰富，你的变量就越丰富。所以，别让过去的你，挡住未来的自己，你是水一样的变量，拥有无限可能。

《沉思录》里有一句话："这是一个羞愧：当你的身体还没衰退时，你的灵魂就先在生活中衰退。"我们都有着一颗看世界的心，却不敢为自己撑起一片天。

如果说生活有意义，那么生活的磨难也一定有它的意义。

只有那些最炙热的时光、最痛苦折磨的事、心心念念的目标、梦想和爱而不得的人，才是让人发生改变的催化剂和推动力；只有它们能将人推向一个新高度，让人生变得美好而辽阔，别的都不能。

这世上没有白走的路，也没有什么事是不可能的，不可能的意思很可能是"不，可能"。

03

注意那些你正在逃避的事，它往往暴露出你的弱点

1

你以为人生就是解决一个问题，再解决下一个问题。其实不是的，一般是你解决完一个问题，后面还有三四个问题在等你，甚至你已经解决的问题没准还会来找你，说：“在吗？来面对我啊。”

遇到这些生活“难题”时，如果你能以最软的方式着陆，你就是生活的高手。

我的朋友张东东最近向我吐槽，她说她快要累疯了。

快到年底了，公司里各项任务特别多，大事小事全部堆积在一起，要赶进度、拼业绩、拿年终奖，所有的人都像打仗一样，天天顶着黑眼圈，忙得上蹿下跳。

更要命的是，她和老公工作都忙，可给女儿检查作业却还是靠

她，老公一回家就把自己关进书房，说要赶进度。

好在老公平时还是会主动帮忙打扫家庭卫生，洗衣服做饭，忙些家务的。但即便如此，家中的各种琐事依然特别多，再加上工作中的各种大事小事，每天都有大量的事像雨后的笋娃娃一般突突突冒出来，等着她和老公手忙脚乱地采摘。

张东东郁闷地向我表达了她的感想。她说："我很喜欢工作，工作再忙都没关系，但是我极其厌恶家事，各种家事琐碎又无意义，还赚不到钱，为什么我们要做家事啊？我希望所有的家事都可以原地消失。"

我说："你请个家政阿姨，它们就原地消失了啊。"

张东东想了想，继续摇头："现在好的家政好难请啊，家政阿姨一个比一个凶，一个比一个态度恶劣，一想到要和她们打交道我就头疼。以前我就请过一个，结果家务没给我打理好，反而弄出了更多的麻烦事，惹不起，惹不起。"

张东东吐槽一阵也没想到好的办法，只好和她老公继续手拉着手在各种琐事之间郁闷地游走着。

琐事常常很小，处理起来其实也很简单。看起来不足为惧，就是一件件小事而已。但是，当它们的数量达到一定程度的时候，就会像食人蚁一样，一口接一口地将一个人吞噬掉。而它们的食物，就是一个人的快乐心情。它们会让人觉得"麻烦""无意义"，从而破坏掉一个人的好心情。这也是它们让人觉得讨厌的原因。

琐事带给我们烦恼和消极情绪，让我们不愿意去看到它的另一面。但恰恰是生活中的这些琐事，像熨斗一样，把生活里的烦恼、焦虑的褶皱一一熨平。

万事开头难，难就难在每个人都有懒惰之心，因为怕麻烦不去开这个头，时间长了，便觉得事事艰难。于是，以困难之名，行懒惰之事，最终还嫌麻烦缠身。

对生活小事马马虎虎的人，对大事也根本认真不起来。一个人对自己没有要求，就没有资格对这个世界有什么要求。

我也曾经特别讨厌琐事。面对现实中很多琐碎而“无价值”的事时，我总是将其视为“麻烦”。比如，打扫卫生，买菜做饭，洗衣服，带小孩……我下意识轻视这些事，认为它们简单重复又无价值，不值得一个人每天花费如此多的时间去完成。

时间是多么宝贵啊，应该将做这些事的时间用在其他更有意义的地方。用在创造，用在研究，用在思考，甚至用在赚钱上，也远比用在这些琐碎无意义的事上好。

所以我轻视这些“低级”的事，认为这些事是“保姆”做的，是“俗人”做的，是“下里巴人”做的。

但生活中不可能没有这些“低级”的事，当我不得不去做的时候，我就总皱着眉头，心不甘情不愿，一边在心里默默鄙视，一边心不在焉只想尽快完成。

基于同样的理由，我也轻视所有不能给我带来“价值”的事。如无聊的繁文缛节，没有营养的寒暄、聊天、拉家常，各种“无意义”的会议、团建、饭局……

甚至当初结婚，我连举办婚礼都嫌麻烦。当时的我实在是想不通，这些无聊的繁文缛节除了折腾我，到底有什么用?

只有在干那些我认为“有意义”的事时，我才会觉得这时的我是自己的主人，才因此觉得快乐。而那些层出不穷的“琐事”，它们强迫我失去自由，它们绑架我必须把珍贵的时间消耗在它们身上。

在不得不处理掉它们，被它们侵扰的时候，我是身不由己的。这时，我有一种强烈的感觉，认为它们凌驾于我之上，变成了我的主人。而我屈辱地被它们骑在身下，无法反抗。

我一度认为自己这样的想法没有任何问题，以至于我常常被琐事烦扰到崩溃。

我们总以为让人崩溃的一定是什么天大的事，其实，真正让人崩溃的，永远都是那些细碎而烦琐的小事和杂事，它们一点一点堆叠在一起，侵占我们的时间，让我们不自觉地把全世界又恨了一遍。

如果你觉得你的生活贫乏，请不要抱怨生活，还是怨你自己吧，怨你自己没有一个“芝麻开门”这样的魔咒来唤醒宝藏。

注意那些你正在逃避的事，它往往暴露出你的弱点。

2

最近我捡了一只小狗，一只流浪雪纳瑞，身上脏脏的。

我的女儿陈小星说要收留它的时候，我的第一想法是：妈呀，养狗好麻烦啊。但看着小狗单纯又渴望的眼神，我又实在狠不下心不去管它，最后我还是养了它。

自从它住在我家起，我和老陈的确增加了N件“麻烦事”。要给它挑狗粮，要给它布置狗窝，要教它定点大小便，要给它洗澡，要带它美容，还要天天遛它，带它去参加狗狗聚会……

很多人知道我捡了条狗来养都说：“哎，养狗好麻烦的，你们也真是，为什么要给自己找这些麻烦事来做呢？”

但是老陈一边给狗铲着屎一边说：“麻烦吗？其实很多生活的乐趣，都是在麻烦中产生的。你拒绝麻烦，那就拒绝了很多生活中的乐趣啊！”

这说法让我耳目一新。仔细一想，的确如此。

如果你总是视某些事为“麻烦”，那你从这些事中感受到的，也就仅仅只有“麻烦”而已。但是如果你能先抛弃掉自己的成见，以全新的角度来仔细感受这些事，你也许会发现，当你不把它们当“麻烦事”来处理的时候，它们会带给你别样的乐趣。

很多时候，觉得一件事特别麻烦，并不是因为这件事真的麻烦，而只是因为你先入为主给它挂上了“麻烦”的标签。那对于这件事，除了麻烦，你就再也看不见它带给你的乐趣。

给狗洗澡的确很麻烦，但当我不以麻烦来看它，给狗洗澡就变成了与狗之间生动的交流和互动，这里面当然藏着乐趣。

外出遛狗的确很麻烦，但当我不以麻烦来看它，外出遛狗就变成了与大自然、小动物、人之间活生生的交流和互动，这里面自然也藏着乐趣。

参加饭局的确很麻烦，但当我不以麻烦来看它，参加饭局就变成了了解各大江湖菜系，结识各类江湖人物，外加学习各种江湖技巧的有趣之旅。

当你不视麻烦为麻烦，所有的麻烦便都变成了乐趣。

如果你的委屈没有被治好，爱意就会从破洞里漏掉；如果你的麻烦没有被解决，生活就有许多镣铐，束缚你的自由。

一个有趣的人，面对看起来无聊的事都能从中感受到它的有趣之处。而一个无趣的人，即使面对有趣的事，也能心生无限无聊。

3

无论是打扫房间，为狗狗铲屎，还是剥个橘子，正在做的这件事，就是头等大事，因为它让你专心致志活在当下。可惜你意识不到，因为一点小麻烦，心情就一团糟。

在现实世界里，任何一件事，哪怕像吃饭、扫地这样的小事，也必然是多面的，是立体的。只有在想象的世界里，一件事才会只有一面。

当我除开那障目的一叶，发掘了这些琐碎事里蕴藏着的乐趣，就不会再有被“强迫”而“不得不”去做这些事的感觉，也没有发自内心的抵触，我是主动的、神采飞扬的、积极的。

扯下对一件事先入为主的“麻烦”标签，除了可以让我们从中感受到乐趣，更重要的是，它会让我们翻身成为掌控这件事的主人，而不是被这件事逼迫着不得不去做的奴隶。这会带给我们巨大的精神愉悦感，从而令我们的身心都获得滋养。

世间没有小事，没有琐事，也没有麻烦事。只要你用心体会，你会发现，一切事，哪怕再无聊，都蕴含着乐趣；哪怕再琐碎，都埋藏着宝藏。

如果你连小事都嫌麻烦，连做小事都得不到一点乐趣，那么，当更大的事摆放在你面前时，你要如何确信这不是一个系列的麻烦？你要如何才能让自己从中得到更大的乐趣？

别在一切顺利时觉得自己真行，遇到麻烦事就怪水星逆行。人生前期越嫌麻烦，后期就越可能错过让你心动的人和事，错过新风景。然后等年老体衰，后悔年轻的时候没有轰轰烈烈，只剩羡慕旁人的精彩人生。

学会从琐事中取乐，你才会在处理它的同时也从它里面得到滋养，而不是让自己一直被动地被这些事所消耗。

人还是要保持在麻烦中寻获乐趣的能力，比如下厨做一顿饭，整理乱糟糟的房间，去花店亲自挑选一束花，感知温柔的刹那。这些看似鸡零狗碎的生活碎片，却是通向快乐星球的秘密通道。

随机播放突然听到喜欢的歌，一摸口袋发现意料之外的十块钱，到电梯口电梯正好停在你那层。转变心情其实没那么难，不夸大自己的苦，不炫耀自己的幸福。

生活就是一件小事连着一件小事，一个七天接着另一个七天。当你觉得生活神秘时，你会被吸引；当你觉得生活浪漫时，你会爱上。当你觉得习惯了生活里的快乐和琐碎，并从其中得到乐趣，那么恭喜你，真正的生活开始了。

这是快乐的一天，还是悲伤的一天，都由你自己决定。

04

太快没有人生，
太急没有故事

1

好像每个人都很着急，遇见一个人就着急去爱，感觉不对了又着急去恨。于是，很多人都仓促地分道扬镳，等平静下来，才悔不当初。

我的朋友王小蹦是个有志青年。王小蹦之所以叫王小蹦，是有理由的。他每天都像兔子一样蹦个不停。虽然他个子小小的，可是精力十足，非常上进。

有一次我们一起吃饭，他说："我比不上有些人，有靠山、有背景、有父母的经济帮助，我只能靠自己，所以要想成功，我就只能比别人更加努力。"

他的确很努力。每天，最早到公司的总是他，不辞辛劳地打扫卫生、收拾文件、给上司订外卖。他不仅风风火火地处理自己的本职工作，还相当热心地替同事们处理各种各样归他管或不归他管的工作。

他管得越多，工作任务就越多，于是每天晚上都要加班到九十点钟，成了公司里常年最后一个下班的人，他连续两年都被评为公司的“最佳劳模”“优秀员工”。

他的努力，被全公司的人看在眼里；他的付出，也被上司默默记在本子上。于是，两年后，他顺理成章地被领导提拔为部门小组长，薪酬比原来多出一大半，把那些和他同时入职的人甩开了一大截。

但在职场上春风得意的王小蹦本人却一点也不高兴。不仅如此，他还整天脸色阴沉，闷闷不乐。

原来，王小蹦认为，他这么累死累活蹦跶了两年之久，天天都在拼命，对公司贡献如此之大，这次提拔怎么也得让他做个主管之类的才合理，让他去当区区一个部门小组长实在有些说不过去。

我安慰他：“别着急啊，既然两年你这么辛苦都坚持过来了，上司也已经提拔你了，距离当主管的那一天还会远吗？你比我们这些不求上进的人不知要优秀到哪里去了！”

王小蹦叹了一口气说：“不是我着急，是现在房价这么贵，我不快点混到管理层，凭每月一万块的工资，要何年何月才买得起一套房？而且好几个和我一起毕业的同学都已经年薪三十万了。买下第一套房的同学也好多个了，我呢？房款还遥遥无期。”

他这样一说，我也顿感压力山大，决定要向他学习。

王小蹦做了部门组长后，仿佛赌着一口气，比以前更加拼命了，有时甚至睡在公司里。但也许是压力大，很辛苦又很着急，他负责的工作，出问题的次数越来越多。

有时明明是他好心，主动去帮部门同事承担一些比较麻烦的工作，没想到在处理的过程中出了岔子，惹得同事埋怨，上司不满，王小蹦则着急。

他越是着急，便越是要拼命，越是拼命，反而越是做不好自己的工作了。

长此以往，王小蹦迟迟没有获得提拔，主管的位置，也似乎永远遥不可及。而且由于他长时间太过拼命，太过着急，太过紧张，导致身体方面也频频亮起红灯，年纪轻轻便得了神经衰弱和失眠症，心脏也出了问题。

终于在一次严重的工作失误后，上司毫不留情地批评了他，并给了他降级的处分。失去组长职位的王小蹦无法接受，一怒之下裸辞，准备另谋高就。

他只觉自己在这个公司浪费了不少时间，心有不甘，再找工作时便只肯盯着薪酬高的职位。可是薪酬高的职位要求也高，而王小蹦的资历和能力都还差了那么一截。在接连碰壁之后，王小蹦信心大失，心灰意冷之下，只好心不甘情不愿地到一家小公司做个普通职员。

但到新公司的王小蹦再也鼓不起干劲努力奋斗了，他仿佛换了一个人，整天懒洋洋的，对工作的态度也开始马马虎虎。

“谁不是混着啊。而且我们这样的人要混出点名堂，唉，太难了。”这便是他如今的说法。

王小蹦再也蹦不起来了。

很多时候，无论是相爱，还是做事，或许应当慢一点，别让情绪上头，匆忙决定，匆忙后悔。

要认清明天的去向，也别忘了昨日的来处。

太快没有人生，太急没有故事。当你特别在乎一件事的结果，不仅会使过程变得很累，还有可能发挥得不好。

2

著名才女张爱玲曾说过：出名要趁早。这句话被很多人奉为圭臬，比如我。

我十多岁时，非常崇拜作家这种职业，那时我看三毛、金庸，就在心里隐隐地想：长大了要能像他们一样，当个写书的人就好了。

这个隐隐的梦想我都没好意思和别人说，因为知道肯定会被人认为不切实际。实际上，我自己也认为不切实际，所以从来没有认真追求过。

大学毕业后我进了一所高校当老师，业余时间写起文章来。

我写了几篇自命不凡的文章投给某些杂志社，当时秉承的想法是：如果能发表，就证明我是那个被神选中注定要以写作为职业的人。结果可想而知，石沉大海。

那时我二十岁，认为自己已经老到不可救药。张爱玲不是说了吗，出名要趁早。你看别人十多岁就已经以梦为马了，我都二十岁了，却连马尾还没瞧见一根。

我认为自己已经超龄，失去了追梦的资格，于是放弃写作很多年。后来，不知怎么想的，我又写起了网文，有一本差点出版了。那一年，我二十六岁。

因为那一本差点出版最终又没有出版的网文的打击，我再度觉得自己不是神选中的那个人，于是又放弃写作很多年。

后来，我又写起了文章，并出版了一本叫作《你有多努力，就有多自由》的书。这是我真正意义上的第一本纸质书，在我三十六岁“高龄”的时候问世。

至此，我终于摸到了第一根马尾。

太用力的人跑不远。真正坚持到最后的人靠的不是激情，而是恰到好处的喜欢和投入。

3

出名真的需要趁早吗？成功真的需要趁早吗？如果在很早的时候，你的才华、你的能力、你的运气、你的资源各方面都已达到一个饱和且良好的状态，那么趁早出名是一件挡也挡不住的事。

比如张爱玲在二十二岁因发表《沉香屑·第一炉香》，在上海文坛一炮而红。如果你不了解她的经历，你会认为当时她的确出名很早。但张爱玲在四岁时就已经开始接受私塾教育，八岁就开始读经典名著，十二岁发表文章，二十二岁已经崭露头角了。另外，张爱玲复杂的家庭、童年时痛苦的遭遇也让她加速成熟。

成名对她来说不过是水到渠成的一件事。

这世间哪有什么“早”，哪有什么“晚”，一切不过只是刚刚好。

张爱玲在《传奇》再版的序中曾写道：“快，快，迟了来不及了，来不及了！个人即使等得及，时代是仓促的，已经在破坏中，还有更大的破坏要来。”

你看，她之所以说“出名要趁早”，脱不开时代的关系，在那个动乱的年代，毕竟谁都不知道明天会发生什么。

而我们今天说的“出名要趁早”，实际上是在说“想要更快成功”。

比如，我怕我成功的速度比不上父母老去的速度。

比如，我怕我工资的涨幅比不上房价的飙升。

比如，我怕我的孩子从一开始就输在了起跑线上。

比如，何以解忧，唯有暴富。

……

这些话无一不在刺激着我们的神经，以便让它绷得紧一点，再紧一点；这些话无一不在渲染着环境的严苛，以便让我们焦虑一点，再焦虑一点。

所谓焦虑，不过是我们和自己的生活摩擦出的火花太多，把自己烧焦烤煳了。

然而，我们焦虑了，不顾一切拼命了，就一定能缩短我们到达成功的距离吗？我们成功了，就真的可以停下来休息，从此过上美好的生活了吗？未必。

“出名要趁早”是一句正确的大实话，但是然后呢？很多人就是出道即巅峰了，再也没有了然后。

没有脚踏实地建立起来的东西，就无法形成支撑。

不知道自己要什么的人，会盯着别人，别人有，他没有，就焦虑、急躁；知道自己要什么的人，他要的一定是符合自己性情、秉性的，追求这样的东西，他才会平静、从容。

4

你长肉用了十年，却只想在十天内完成瘦身，这怎么可能！

有一句话叫作“欲速则不达”。王小蹦那么着急地想要快速成功，他也的确为此付出了大量的努力，然而最后换来的，却是精力的透支、心态的崩盘和信心的偃旗息鼓。

秉承“出名要趁早”的信念，绷紧了全身的神经，疯了一般地努力，这看起来似乎很励志，但实际上，这只是情绪型励志，而非理智型励志。

就像用跑百米方法去跑马拉松一样，情绪型励志带来的后果，便是拼尽全力跑到百米后却发现不是终点，也没有鲜花与掌声，整个人便再无力气跑下去了，从此偃旗息鼓，得过且过。

相信“出名要趁早”，那必然会导致这样一种想法：既然我没有在早的时候出名，那我这辈子必定无法出名了。

然而事实不是这样的，王小波获中篇小说大奖时已经三十九岁了。此前他一直很“失败”，一个普通工人，收入拮据，还主要靠妻子李银河负担家庭经济;《白鹿原》出版时，陈忠实已经五十一岁；侯孝贤凭借《在那河畔青草青》获最佳导演、最佳影片提名时三十五岁，他少年时沉迷赌博和打群架，是个彻底的失败者。

我们容易对快速成功上瘾，人一旦经历过这种成功，就会不自觉地想要迅速回报、高效回报，得不到就焦虑。但真正的成功，绝不会由焦虑带来，也绝不会用拼命换取。真正的成功，无不是经过时间沉淀的。武林高手在突飞猛进之前也得有至少十年的内功根底。

有时，慢反而更像是一种心态的修炼。沉下心来，踏踏实实，一步一步地慢慢来，才能达到一定的高度。

建房子也需要一根钢筋、一块砖，一点点积累，何况是你的成功。这些都需要时间。

慢，有时反而是件好事。慢了，你才能把钢筋打得更牢，把楼房建得更高，把心态磨炼得更平稳；慢了，你才有时间把所有的东西看得更加清楚，你才能看清自己，看清他人，也能看清你脚下的路。

太过于急躁的人，眼是盲的，心是盲的。只有激情，他们使力往往使不到点上。不仅无法使到点上，还容易自伤或他伤。

就像武侠小说里，一个人要成为武林高手，有两条路可走：一条路是一步一步来，每天进展缓慢，需要大量时间，一旦练成，就可达到大成；另一条路则是速成大法，可以在短期内拥有一定成果，但要付出巨大的代价，一般都要自伤或他伤，而且效果有限。

武侠小说写的就是人生。前一条是拼搏的路，后一条是拼命的路。

拼搏值得提倡，但是急功近利的拼命，和拼搏完全不一样。拼命的人，就像赌桌上急红了眼的赌徒，为了求得一夜暴富，不惜把自己的身家性命全部堆上赌桌。

别说你不求回报，上了赌桌的人，没有一个想空着口袋走。

这个时代的诱惑太多，他人的“成功”太亮眼，这些似乎都在无声地谴责着我们此时的“失败”。如果你内心不够坚定，就会不由自主地去追随他人的脚步，一路狂奔。

有些成长，要用“放弃”去催熟。一个明智的人，绝不会因别人有的东西，就对自己的东西失去兴趣。

追随自己内在节奏的人是明智的人。无论早晚，没有任何事能阻止你成为自己想要成为的那个人。二十岁一事无成，二十三岁一事无成，二十七岁一事无成，都很正常，这是你的积累期。年少成名未必能承其重，大器晚成的人，更能守得住细水长流。

有人说：暴风雨结束后，你不会记得自己是怎样活下来的，你甚至不确定暴风雨真的结束了。但有一件事是确定的：当你穿过了暴风雨，你就不再是原来的那个人。

“牛奶会有的，而面包也会有的。”该来的总会来。

想要得到长远的意义就要学会忍耐眼前的辛苦，要跟最喜欢的人在一起就要学会不将就，想要走得更远就要敢于在途中停下来。走长路重要的不是一味向前冲，而是沉住气。

05

所有努力的动力，
都只能来自你内心的沸腾

1

亦舒说：“如果你真的想做一件事，那么就算是障碍重重，你也会想尽一切办法去办到它。但若是你不是真心的想要去完成一件事，那么纵使前方道路平坦，你也会想尽一切理由阻止自己向前。”

我的先生老陈有个朋友叫章鱼。章鱼本来和老陈在一个公司工作，后来，他出去独自创业了，开了一家小公司，整天忙得不行。

由于章鱼和老陈有着业务上的往来，两人又是老朋友，所以每当章鱼去某个地方旅游或出差，总会给老陈寄一些当地的小物品。

每次章鱼路过成都，都会叫老陈出去和他吃顿饭，聊聊天。而每次和他吃饭之后，老陈回来都会感慨一番。

老陈说，章鱼实在太拼了，不要命地拼。不到四十的年纪，头

发都已经白了一大半了。

他们有时说些男人之间的话题，章鱼就会向他抒发一下自己郁闷的心情。

章鱼说，其实他根本就不想辞去稳定的工作去创业，他觉得自己的性格、能力、人脉各方面条件都不支持他去干风险这么大、综合能力要求这么高的事。他的优势其实是在技术方面，在公司里他这方面做得非常好，上司也很赏识他，而去创业的话，他就再也无法专注于他技术范畴的工作了。

章鱼之所以突然这么励志要去“挑战自我”，其实是他妻子的要求。

他妻子说：“章鱼，你作为一个男人，要有魄力，要有冲劲，要经得起风吹雨打，要在起起伏伏中历练人生。你就算不为我，也要为我们的孩子考虑考虑，现在孩子的教育是一大笔开支，凭我们两个的死工资，供得出来吗？”

章鱼其实想说“供得出来”的，因为他早就仔细算过，也计划过。两人的工资供一个孩子读书其实并没有多大问题，只要不是去读贵得离谱的私立学校。但是他对着妻子那张激情满满的脸，怎么也说不出泄气的话。

于是章鱼听话地去创业了，过上了另一种累得要死的生活。既然妻子都说了，是男人就要有冲劲，他自然只能表现得很有冲劲，以证明自己是个男人。

章鱼勤勤恳恳、兢兢业业，但正如他所说的，他的性格、能力、人脉各方面条件其实都不是很适合创业。能力和人脉能在磕磕绊绊中慢慢提升、慢慢扩充，性格也可以在逼迫中逐渐改变，虽然这些都不是容易的事，但毕竟还是在慢慢改变的。只是付出的精力太多，熬得他头发都快全白了。

其实这些还不是问题，问题是，虽然公司目前有了一点进展，但他从中得不到任何快乐。

章鱼很怀念以前在公司只专注于技术工作的时候，他甚至说："出来干虽然是比在公司的时候赚得多一点，但是这生活不是我想要的啊，我其实一点也不快乐。"

不快乐的人也比较容易将不快乐的情绪带回到家庭中，于是他和妻子经常吵架，小孩也因此过得很不愉快。

章鱼更烦恼、更不快乐了，完全陷入一种恶性循环中。

创业玩得转就是传奇，玩得别扭会把自己玩成废物。命运赠送的礼物，早已在暗中标好了价格，就看你能不能付得起。

如果只靠虚假的坚持安慰自己，很容易陷入"坚韧不拔"的假象。

如果一生中所做的种种努力，只是想让别人满意和欣慰，那你最后留给自己的，只剩下一副模糊的面目和一条不能回头的路。

2

你努力过吗？如果你努力过，那你是为什么而努力的呢？为金钱、地位、父母、小孩、家庭、爱情、荣誉、野心？还是为其他？

我说说我的朋友钱袋的故事吧。少年时的钱袋很厉害，考上了全国数一数二的名牌大学。纵观他平时的成绩，钱袋考上这所大学简直能惊掉每个认识他的人的下巴。

很多人询问他是怎么突然这么厉害的，钱袋谦虚地说，他只是第一年考得太差，自尊大受打击，所以发愤图强复读一年，这才考上了好学校。问他的人都被他的励志故事感动，于是纷纷回家对钱袋的逆袭大加渲染，以便同时教育自己的子女。

但钱袋之所以突然变得这么厉害，与第一年考得差几乎没有任何关系。他变得这么厉害，是因为他当时的女朋友要去考那所大学，钱袋完全是为了女朋友才如此努力。甚至他去复读，也是因为女朋友要去复读。

为了女朋友，钱袋的确发挥出了超常的潜力。只是天意弄人，钱袋发挥超常了，女朋友却发挥失常了。

结局就是，学渣钱袋去了好大学，而学霸女朋友却阴错阳差只考到了一所普通大学。

这个结局看起来似乎是钱袋赚到了，既然钱袋上了那么好的大学，总归前途应该似锦吧？而钱袋的女朋友，既然沦落到了普通大学，那不管怎样，前途应该没有钱袋发展得好吧？然而并没有。

如今他们的状况是：钱袋由于在大学期间没有“努力的理由”了，他就只好“顺应自己”，经常逃课，得过且过，整天打游戏，导致学业荒废，差点没能毕业。好不容易毕业了，凭借他的名校背景，倒也进了一个不错的公司。但他个人发展得却不好。因为他懒惰惯了，所以还是整天玩游戏，对工作完全不上心，完全就是一副混吃等死的架势。

钱袋的女朋友就不同了。虽然发挥失常进了普通大学，但她从来没有放弃过自己。消沉了一段时间后，她很快就振作起来。大学毕业，她考上了名校的研究生，又继续读了博士。毕业后，她和同学一起建立了自己的律师事务所，事业发展蒸蒸日上。如今，无论是经济收入，还是个人的成长发展、眼界见识，她都甩了钱袋好几条街。

3

丹尼尔·平克曾写了一本叫作《驱动力》的书。他在书中谈了人的三种驱动力。

第一种驱动力：来自基本生存需要的生物性驱动。

第二种驱动力：来自外在动力，即奖惩并存的胡萝卜加大棒模式。

第三种驱动力：来自内在动力，即内心想把一件事做好的欲望。

他认为，只有第三种驱动力才是真正能激励和调动一个人积极性的方法。而第三种驱动力，即内驱力，是每个人与生俱来的能力。具备内驱力，就能主导自己的人生。

钱袋后来之所以不再努力，是因为他失去了“女朋友”这个让他心甘情愿去努力的目标。他并不是真的喜欢去努力，而只是为了让女朋友满意。

看起来似乎很伟大，很令人感动。但这种违背自己意愿的牺牲感、付出感是短命的。

如果要努力，一定是以自我为主体的努力。只有这种努力，才是持久的、心甘情愿的，才会给我们带来成就感。

如果我们做事总是以各种外在的驱动力来驱动自己，比如，总是为了他人而努力，当没有这个“他人”的时候，我们就会丧失努力的动力。

4

曾经有个故事：有一条恶龙，每年要求村庄献祭一个处女，每年这个村庄都会有一个少年英雄去与恶龙搏斗，但无人生还。

又一个英雄出发时，有人悄悄尾随。他看到龙穴里铺满了金银财宝，看到了英雄英勇出击。经过一番努力缠斗，英雄最终用剑刺死了恶龙。但是英雄并没有走出龙穴，向世人宣告他的成功。他坐在恶龙的尸身上，看着闪烁的珠宝，慢慢地长出鳞片、尾巴和触角，最终变成了恶龙。

这就是屠龙的少年最终变成了恶龙的故事。与其说屠龙的少年最终变成了恶龙，倒不如说他是被恶龙的“精神”给吞噬了。

人的烦恼主要来自，既要，又要，还要。

每个人都有自己的追求，这些追求来自我们内心的渴望，也反映出我们对世界的理解和态度。但是，在追求的过程中，必须时时有所警惕：无论你追求的是什么，一定不要过度，否则很容易被你所追求的东西反噬。

尼采说过：“与恶龙缠斗过久，自身亦成为恶龙；凝视深渊过久，深渊将回以凝视。”

如果你过分追求金钱，你就会被金钱吞噬，变成金钱的奴隶。

如果你过分追求享乐，你就会被奢靡吞噬，变成奢靡的奴隶。

如果你过分追求地位，你就会被地位吞噬，变成地位的奴隶。

越是抓心挠肝想得到的东西，越要懂得适可而止。

不要迷失在物欲横流中，不要沦陷在贪得无厌里，否则你会一直下坠，一直沉沦，直到被黑暗包围。

理想的状态是，拼尽全力掌控自己的生活，全力以赴地为自己而活，遵从本心，无怨无悔，这样的人生才会有星光、有奔头。

你那么努力，不是为了成为父母口中“别人家的孩子”，不是为了找到完美的另一半，不是为了成为理想的父母。你所有的努力，不是为了让别人觉得你了不起，而是发自内心觉得自己值得更好的生活。

所有努力的动力，都只能来自你内心的沸腾，不为任何人，才能长久。

06

无论你有多少想法，最终还是你的做法决定你是谁

1

诊断书是医生对健康的解释，菜谱是厨师对美食的解释，文学作品是作家对生活的解释，自信是你对自己见识的解释……

世上一切观点都只是某种解释。解释对了，你与世界就和谐了。

朋友张东东有一男性朋友 VC。VC 是张东东的同事，VC 一家和张东东一家关系很好，两家人周末经常约在一起出去玩。

在玩的过程中，张东东也了解到 VC 一家不少的八卦。许多年前，在 VC 和他老婆还是研究生同学的时候，VC 就像从未来穿越回去的先知一般突然口出狂言："我们去买房吧，我觉得以后房价必涨。"

当时还是女友的老婆瞪了他一眼，嘲笑 VC 异想天开。两人彼时的现实情况是：除了年轻这个最大的资本外，其他资本基本可以忽

略不计。两家的长辈也都无法提供更多的经济支持。

VC 想要去借钱买房，VC 老婆成功阻拦了他。

VC 老婆说："你还是学生，还要读研，还有两年才能毕业，你连工作都还没着落，借这么多钱要是还不上怎么办呢？" VC 一想，的确压力很大，于是放弃借钱买房。

等 VC 硕士毕业，房价也翻了两番。

现在的 VC 有事没事经常把这件事拿出来说，认为当时要不是老婆阻拦他，后来买房也花不了那么多的钱。唉，实在太亏了。张东东一家听后也觉得，VC 太亏了，放过了一个多好的机会。我以前听了，也总替 VC 感叹一番，早知道后面要花两三倍的价钱去买房，那还不如当时就借钱买呢，太亏了。

所有听到这个故事的人，都一起沉湎在对 VC 错失良机的惋惜中，并隐隐对 VC 那"没眼光"的老婆颇有抱怨。

VC 的老婆因此事也有了"自知之明"，她大声宣布，从此以后对 VC 的任何决定不再加以一丁点的干预。

那么，英明的 VC 此后抓住过生命中的其他良机吗？并没有。VC 的头脑的确灵光，他嘴里总是时不时就吐出几句很有先见之明的话语。然而所有的"先见之明"都仅限于他的唇齿之间，在行动上，他却是一再地止步不前。即使没有老婆的干预，英明的 VC 依然错失了一次又一次的“良机”。

VC很郁闷，他认为自己现在做事之所以变得畏首畏尾、优柔寡断，一定是当初被老婆阻拦后留下的后遗症。

VC一家现在的情况是这样的：VC的老婆即使用扩音器向全世界宣布不再干预VC的任何事，还是逃脱不了被一再“甩锅”的命运。而VC因为一次次成功甩掉了锅，越来越沉迷在自己的“英明”幻觉中无法自拔。

他们夫妻俩除了每天玩这个“甩锅接锅”的游戏，并没有做出任何实际的“英明”举动让两人的生活更好过一点。

因为一念之差，我们错过了求学、跳槽、表白、买房……的最佳时机。我们常常把这归结为运气，但事实上这个一念之差的“差”，就是你的知识、见识和意识在做决定那一瞬间的体现，本质上不是运气问题，而是行动问题。

2

以前我和人组队玩游戏，组过的队里总会有一些“英明神武”的队友，在队员们配合不好导致失误的时候，他们所做的第一件事，就是把自身的责任推脱得干干净净，仿佛失误都是别人造成的，而自己始终是被“无辜连累”的那一个。

而如果队员们状态很好，配合得也很好，导致整个团队所向披靡的时候，他们又会得意地跳出来，把所有功劳都揽到自己身上，认为是自己的优秀才导致了整个团队的成功。

当然，除了在游戏里，在日常生活中，在工作中，也总是会有这样的人出现。比如我的朋友小牛就曾向我吐槽过她的一个同事小彭。

小牛和小彭曾被上级安排共同负责一个项目。两人为了这个项目能顺利、高效地完成，都很努力，使尽了浑身解数。但这个项目最终还是因为一点小小的意外，没能达到上级的要求。

其实责任并不在她们中的任何一方，或者说，她们双方多多少少都对此有一点责任。但小彭却屡次在上级面前毫不客气地指责小牛，认为主要是她的原因，才导致项目的周期出现了问题，最终未能达到理想的效果。而她小彭，则是无辜受牵连的。

小彭列举的“证据”，就是她之前曾屡次提醒过小牛，奈何小牛偏置之不理，一意孤行。

小牛听后气到差点吐血。对于这种事后诸葛亮的行为，小牛算是彻底领教了，她很郁闷地向我吐槽：为什么总有人喜欢“甩锅”？

钟爱“甩锅”的人，做事一遇到失败、失误、挫折或种种不如意，就立刻会条件反射般把全部责任推脱给别人，这是没有担当、害怕承担责任的一种表现。

在人的认知里，“做事成功”往往是和“好”联系在一起的。小时候我们把事做成功了、做好了，就会得到他人的赞扬和夸奖，这就形成了习惯性思维，我们认为，只有把事做成功了，自己本身才是“好”的、有价值的，是值得被肯定和赞扬的。

而如果我们把事搞砸了，做失败了，得到的反馈往往是他人的责备、埋怨、数落和批评。这也形成了习惯性思维。我们认为，如果事在自己手里被搞砸了，那意味着，我们要对“失败”负起全责，我们得承受他人的责备、埋怨和批评。除此之外，“失败”还意味着，我们本身是“不好”的，没有价值的。失败就是对我们自己的全面否定。

在这种情况下，假如一个人的自我不够强大，假如他将自身全部的价值仅仅放在“成功”与“失败”的天平上，当他感觉到自己“失败”时，那也就是他的自我全部瓦解之时，他会觉得自己一文不值。

为了避免这种自我瓦解、自我毁灭感，他们只有拼命地维护自己的自恋，把造成失败的原因毫不客气地全部归为自身之外的因素，也就是“甩锅”。

失败是他人造成的，是环境造成的，是规则造成的……总之，不会是他们自己造成的。而假如他成功了，那么就一定且必须是他自己的功劳。如此，他们就可以维护自我的价值感，他们脆弱的心理就不至于被“失败是我造成的”这种可怕的原因完全摧毁。

一个习惯于“甩锅”的人，本质上是极其脆弱的。

“甩锅”游戏里没有受害者，所有以受害者自居的人，都是对自己不够负责，又不愿意承担后果的幼稚者。

3

尼采曾说过：“为了某人而做，为了某事而做，那都是你在失败时想要将责任推卸给对方、情势或其他原因而找的借口。因为一切顺利时，你便会自高自大，认定那都是自己的功劳。”

习惯性“甩锅”虽然可以维护一个人的自我价值感避免遭受自我瓦解，从而暂时让一个人“感觉良好”，但是从长远来看，习惯性“甩锅”既不利于一个人心理的自我成长，也不利于一个人能力的提高。

就像张东东的朋友VC一样，虽然VC每次都成功把“锅”甩给了老婆，获得了良好的感觉，但他除了可以从“甩锅”这种行为中得到越来越虚幻的“英明感”之外，并没有在实际中变得更加英明一点。

一个人要在实际中变得英明，只能真正地把脚踏入实际中去做真正的事，而不是在空想中、在预言中，认为自己很英明。

人们太满足于“想到某个主意就好”，却永远把真正的行动“留到明

天去做”。想和做，永远是两回事。你可以想到的，不等于你可以在现实中做到。

想一想只需要动动脑，说一说只需要动动嘴，这两者都没有超脱出一个人自己的身体。而一个想法要在现实中实现，是需要人动用自己所有的能力，调用现实中各种各样的资源，解决一个又一个难题，才有可能实现。

一个人要在现实中变得英明，他只有把自己放在现实中去碰撞。所有的碰撞都会带来摩擦，而在摩擦中不可能不遭遇失败或失误。

如果一个人不能承担失败的责任，而只想收获成功的好处，那他只有两个安全做法：一是从不把想法付诸实践；二是一遭遇失败就“甩锅”给别人。

这两种做法，都是在构建最完美的自己。当一个人认为自己已经最完美时，他还有可能成长，有可能提高吗？

VC不想承担失败的责任，于是他永远不付出行动，并将失败的责任抛给妻子，因为他承担不起自恋的粉碎；小彭不想承担失败的责任，于是她遭遇失败从来不找自身的原因，每次都无条件“甩锅”给别人。

当有合作伙伴时，“甩锅”给合作伙伴；当只有自己一个人时，“甩锅”给环境，“甩锅”给条件，甚至“甩锅”给天气……总之，没有想“甩锅”的人甩不掉的“锅”。

就像有些人鄙视那些真正努力的人，却从来不敢认认真真地去做一件事，从来不敢全力以赴，还总是故作潇洒地说：“算了吧，你这么努力了又能怎样？你能改变世界吗？”或者说：“我只是没有认真，只要我一出手，就一定如何如何。”

做好一件事，永远比说几句话、想几个点子困难多了。能主动承担失败的责任，永远比轻松地甩掉几个“锅”有力量多了。能在现实中努力的人，能主动承担责任的人，永远比打嘴炮、“甩锅”的人厉害多了。

从“异想”到“天开”，中间一切思考所带来的烦恼，其最好的解药是行动。

你只有把想法搬到现实中执行，你只有在执行中出现失误，遭遇挫折与失败，遭遇困难，并勇敢地承担起这些失误、失败的责任，你才能将自己打磨得越来越好，你才能得到更多的经验与智慧，而这些，都是比成功更加宝贵的财富。

一个能够允许自我破碎的人是勇者，而能将破碎的自我再度组装起来的人，才能成长为强者。

只有强者，才不屑于为小小的失败而“甩锅”，因为他已不需要去小心翼翼维护易碎的自我。他的自我早已在挫折中一再破碎，又一再被重新组装，每一次重新组装，都比以前更为坚固。就像你经历了狂风暴雨，便觉得和风细雨简直不值一提。

自己的命自己扛。一个人只有勇敢地承担起自己人生中失误、错失、过错、失败的责任，才能从中汲取到成长的养分，才能让人生在自己手里绽放光芒。

07

凡是过往，皆为序章

1

我曾参加过一个心理互助小组。七八个人组成相对封闭的小团体，由一位导师带领，探讨或展示某个方面的主题。

在这种相互信赖、相互支撑鼓励的友好氛围下，不少人会倾吐自己的心声。甚至有些困扰已久、深埋心底的疑问，也会被毫无顾忌地宣泄出来。

这个时候，大家往往都会报以善意的理解和支持。

有一次，一个女生突然说着说着就哭了起来。接着，她向我们倾吐了埋藏在她心底很久的一件事：她最近几年失眠非常严重，常常整夜整夜睡不着。

因为她总是忘不了一件事。这件事令她紧张，令她恐惧，令她一想起来就内疚、自责不已。

情况是这样的：三年前，她曾经和一个男生谈过恋爱。

恋爱初期，双方感觉都很好，男生不管是从外形还是性格来说，都是她理想的类型。而她呢，也几乎是男生的理想型。他们一度相处得如胶似漆，非常亲密。

后来，就像所有的情侣一样，他们之间产生了一些矛盾，比如某些生活方式的区别，习惯的不同及品位、喜好方面的分歧……其实都是很小很小的矛盾，只要双方任何一人稍微让步，稍稍妥协，或者两人坐下来好好地协商一下，大半都能够解决。

但问题就在于，两人都认为自己是对的，该让步、该妥协的是对方。就这样，矛盾逐渐升级，最终发展为争吵。一次争吵又发展成多次争吵，多次争吵又变成了冷战，持续的冷战又变成了分手威胁，多次的分手威胁令两人的感情遭到极大的破坏。最终，两人正式分手。

分手当天，男生不声不响就离开了。两个月之后，女生突然接到男生朋友打来的电话，对方用非常气愤的语气谴责了她一通。

原来和女生分手后，男生一直无法从这段感情里走出来。

他每天都喝得醉醺醺的，工作也不做了，谁劝也不听。

有一次，他喝完酒不小心从很高的楼梯滚下来。身上多处擦伤，最严重的是腿骨折了，由于位置比较特殊，所以无法恢复到正常的状态。

自此之后，男生的整个生活受到了不小的影响。他变得郁郁寡欢，极其情绪化，对待工作和情感生活也不像以前那么积极阳光了。

女生很歉疚，虽然分手是男生提出来的，但她依然认为是她的原因才造成男生的生活发生如此大的变化。而男生的父母和朋友也对女生有诸多埋怨，甚至经常打电话对她说一些很难听的话。

在这种情况下，男生有一次尝试自杀的行为，令女生的内疚和恐惧达到了顶点。

她从此背负上沉沉的枷锁，男生那张郁郁寡欢的脸始终在她眼前挥之不去。她没办法再恋爱，没办法好好生活，没办法开心。因为她没办法甩掉过去。

她陷在内疚和自责之中，一遍遍在过去游荡，常年处于担忧、恐惧和紧张中，无法成眠。她牢牢地抓住过去，将自己献祭给了过去的痛苦。

甚至三年后的今天，男生早已有了新的女友，过上新的生活了，她还无法从过去中走出。因为过去的阴影，她不敢再恋爱，甚至认为恋爱对她来说，就是在害人。

活在过去的人总是被现实撕裂，因为他的心在原地，身体被今天强行拖至未来。

2

每个人都有无法遗忘的过去。一直以来，我常常会把很多事记得很清楚。三四岁甚至更往前一些的事，至今可以记起很多很多的细节。我记忆的端头，是在我还不会走路，不会说话的婴儿时期。

我问过一些人："记不记得很小时候的事？"他们很多都会回答："记不得了，这么久了早就忘了。"他们的回答一度满足了我的自恋和虚荣，令我沾沾自喜。瞧，我能记得那么多的细节呢，我真厉害。

但如今我想，为什么我会记得呢？我记忆力的确还算不错，但为什么可以把那么久远的事连细节都记得那么清楚呢？

后来，我慢慢知道了原因：因为我总是在回想。如果一件事，令我产生了情绪波动，当这种波动达到了某种程度，我就会在之后的时日不由自主地反复回想。

为什么我记忆力好？真相其实并不是因为天赋，而是因为我总是生活在过去。我总是把已经过去很久的那些事，已经在我心灵的角落摆放了太久，早就已经发霉发臭的大小事，一遍遍强行拖出来，再次仔细地审视它们腐烂的形状，闻闻它们臭烘烘的气味，最后再把它们小心翼翼摆放回原来的角落而从不忍舍弃，以此自虐。

其实过去也没多好，它最大的好，就是已经过去了，不会变得更坏。

我生活在过去，而对当下视而不见，这就是我记忆力好的真相。

那些陈旧的事，我一件也舍不得扔，一件也舍不得遗忘，最后造成的结果，就是我灵魂的居住空间越来越逼仄，灵魂的生态环境越来越恶劣，背负着的“过去”分量越来越重，于是气喘吁吁，寸步难行。

而那些“记性不好”的人，他们只是将自己更多地放在了“现在”而已，他们是活在当下，轻装上阵，没有自虐癖好的人。

假如一个人活在当下，感受在当下，那对过去的遗忘，随着时间的流逝，是自然而然会发生的事。

《爱在日落黄昏时》里有一句话：“回忆本来是非常美好的，只要你能让过去的都过去。”

是的，单纯的回忆是美好的，只要你不被过去带走。如果你不能让过去的都过去，每次只要一想起过去，每次只要一回忆，你就会被过去带走，你就重新处于过去的情感旋涡中，那么你实际上是被囚禁在过去的时光里，被过去绑架，而无法在当下前进一步。

要让回忆成为一种单纯的美好，就不要做过去的囚徒。而不去做过去的囚徒的唯一方法，就是别把过去主动放上肩头，负重前行。

如果你暂时还做不到，那么适当地遗忘，也不失为一种给自己减轻重量、轻装上阵的好方法。

3

杨绛女士九十多岁的时候，丈夫钱钟书和女儿钱瑗已先后去世多年，有记者来采访她，问：“最近您正忙什么呢？”

杨绛说：“我不忙什么了。钱先生去了，女儿钱瑗也去了，留下我打扫现场。”

记者说：“您的身体很好，能活到一百岁以上。”

杨绛说：“那就太苦了，我这几年活过来就不容易。我为什么要翻译《斐多》呢？这是一本非常难译的书，我就想把精力全部投入进去，忘了我自己。”

当我们在遭遇最痛苦的事时，往往最想要的，就是这“忘了我自己”。

怎样才能“忘了我自己”呢？就是要进行“断舍离”，不是简单地扔掉没用的东西或者不买不需要的东西，而是对自己的心灵进行“断舍离”，即：

断，停止负面的思考模式；

舍，顺从自己的心，割舍既有；

离，松开“多就是好”的念头。

“断舍离”不是想象什么是幸福，而是反过来想，什么东西对自己来讲是不幸福。给人生做减法，不是让你碌碌无为，不是让你放弃追求，更不

是让你给懒惰找借口，而是让你时刻明白：何人、何物、何事对你是最重要和最宝贵的。

如果说，外在的居住空间里住的是人的身体，那一个人心灵的空间里，住的就是这个人的灵魂。

就像身体需要身处宽敞整洁的空间，才会感觉到舒适和愉悦。如果一个人心灵的空间里，堆满长年累月积累下来的发霉甚至发臭的东西，任它们散发古怪的气味，而从不清理，从不“舍”去，或者总是从外界的垃圾堆里捡回一些有毒的腐臭之物，任它们堆积在灵魂居住的空间里，盘踞在你身心的每一个角落，而从不去“断”，从不去“离”，从不去清扫，那么，灵魂便会因此而负重累累，会被恶臭的空间、被无休止累加的重量压得寸步难行、气喘吁吁，直至不堪重负，瘫在原地而无法再前行一步。

除了身体需要断舍离，一个人的灵魂同样需要断舍离。我们除了需要定时清扫身体的居住环境，还需要定时清扫灵魂的居住环境。而对于灵魂的居住环境来说，要保持整洁清爽、空气清新，就要学会适当地遗忘。

遗忘，就是一个人清扫其灵魂居住环境的方式。

4

人生就是靠着不断遗忘，才比较容易活得下去。

科学研究发现，遗忘其实是大脑的预设功能。大脑的标准态并不是去记住，而是去遗忘。

加拿大麦吉尔大学的认知心理学家奥利弗·哈特一直从事有关记忆的神经生物学研究，他说："忘不掉的记忆算什么记忆？这是不可能的。为了让记忆功能正常运作，你的大脑就必须遗忘。"

遗忘，其实并不是一项技能，而是我们大脑的本能。

既然遗忘是大脑的本能，那为什么有些人不愿遗忘，还总是死死地抓住沉重的记忆？也许是因为，我们总是会给遗忘加上一种伤感和负面的情绪。

我们认为，擅于遗忘的人，太冷酷无情。但实际上，这是对遗忘的曲解。如果一个人不擅于遗忘，那是对他自己的冷酷无情。一个对自己都冷酷无情的人，怎么可能对他人温暖有情呢？

遗忘并不负面，也不悲伤，遗忘的能力是人拥有的生命中最积极而智慧的一种能力，是这个宇宙对人类的慈悲。

只有懂得适当舍弃，才能身轻如燕地前行。而这，也是一个人对自己最大的慈悲。

当你离开一个错误的人，放弃一件错误的事，真正从过去的羁绊里走出来，享受当下的每分每秒，你以为自己会难过，没想到走出来的那一瞬间，是会笑出声的。

当你接纳了现在的自己，会发现每一个当下，都是真正的黄金时代。

08

这世界喜欢晴朗的人

1

一个人什么时候开始允许自己在精神上倒下？那一定是从他失去信念和希望之后开始的。

格子说，她觉得自己已经走投无路了。

她的长发很油腻，乱乱地在椅子靠背上黏结勾挂，像某种已使用过无数次的黏性不好的便利贴，虚弱地想要改正什么。她一手遮住眼睛，让自己停留在黑暗里，不去看头顶茫然的灰色天空。

格子是我以前的同事，我刚到公司的时候，正碰上她结婚。她喜气洋洋地递给我一张结婚喜帖，嫣红的纸张充满柔弱感，我似乎能看到她浸在爱情中被呵护备至的样子。

在婚礼上我看到她的新郎，一个高大英俊的理工男，对她说话温情脉脉。

在他们结婚之后的近十年里，她老公一直待她很温和、细心，将她照顾得无微不至。她的所有要求，她老公总是毫无怨言地满足。

她说，结婚后，她的各项能力严重退化。

结婚前她好歹也是一个能随随便便咬开啤酒瓶盖的女汉子，承包了闺密圈所有的瓶盖，结婚后她就再也没有拧瓶盖的机会了。

结婚前她吃饺子是连皮一起吃的，结婚后就变成了只吃馅，皮全部心安理得留给老公。

即便她作天作地，她老公也从来没有因此有过一点厌烦、一丝抱怨。甚至她自己都觉得作得太过分了，良心深感不安，想要做一番深刻的自我检讨。

她老公却一脸严肃地告诉她：我最大的幸福就是能够照顾你。

是的，她看上去那么幸福，每天做得最多的事，就是在公司给我们秀恩爱。

要不是无意中在老公的手机里发现了猫儿腻，格子怎么也不会想到，这个一直对她呵护备至的好老公，居然在两年前就和公司女同事有了不正当的关系。

知道真相的格子掉下的不是眼泪而是下巴，她觉得这一切比恐怖片还恐怖。身边熟悉的同伴突然变成了厉鬼，她根本无法想象前一分钟还对她温情脉脉的好男人，却在转过身后悠然自得地做出伤害她的事，之后还可以继续心安理得地扮演“绝世好老公”的角色。

在被格子发觉猫儿腻之后，绝世好老公立马变脸要和格子离婚，言辞陌生冷淡，毫无任何留恋。格子的心凉得生疼。她一直以为自己是老公深爱的人，原来扮演的深情背后，真相竟是这么冷漠。

奥斯卡影帝其实一直都在民间。

她很“荣幸”地遇见了一个。自以为是真爱，实际上人家只是演了一场戏，骗了她还一脸嘲讽：我随便演演，谁叫你如此入戏？格子的人生观受到了颠覆，觉得自己在感情上已经走投无路了。

她再也无法全心全意相信一个人，她对人生充满了怀疑，觉得人很坏，生活中处处都是陷阱和欺骗。她也对自己极端不信任，因为她竟然一点都没有看出前夫的真面目。

她觉得自己很失败，像个傻瓜，自信心严重受损，以致她在工作上也丧失了信心。她觉得这辈子都没有希望了。

有的人，让你觉得相遇是缘分；有的人，让你觉得遇见是报应。

好的婚姻能成就一个人，坏的婚姻能毁掉一个人。错误的婚姻最后的结果大多是亏了、算了、烂尾了。一时一事可以忍，长了就不行了。要记住的是：婚姻只是生活的一部分，它从不是你的全世界。

2

每个人都会有特别悲观绝望的时候，导火索可能是一件小事，比如打翻了水杯，找不到急用的东西，撞到了桌角；也可能是一件大事，比如高考失利，投资失败，生了重病……它像一根刺，扎破了心里积攒疲惫的那个气球，然后委屈四散开来，连呼吸都累。

人的一生，总会遭遇几次挫折，让你觉得自己一无是处；人的一生，也总会走上几次“绝路”，让你焦头烂额。

十年前，我的朋友张龙一夜之间背上了两百多万元的债务。

其实欠债的是他的父亲，他的父亲被人骗，不仅花光了家里的全部积蓄，还欠下巨额债务，一时受不了打击，一病不起。这些沉重的债务，自然落到了张龙的肩上。

彼时的张龙只是一个普通的高校老师，能有多少工资来偿还这样巨额的债务？

他是独子，从小在一个优渥的家境中长大，几乎没吃过什么苦，也没有遇到过多少坎，学习上、生活上一直顺风顺水，刚刚参加工作，刚刚交到女友。前一天还在展望未来幸福的人生，怎么也没有想到，后一天，就会有这么黑暗沉重的现实迎面砸在他头上。

不得已，他和母亲一起卖掉了家里的房子和车，却还有一百多万元的债务在狰狞地对着他冷笑。他每天晚上都被可怕的未来压得喘不过气来，就在这最黑暗、最无助的时候，女友也和他分手了。

他觉得自己被世界抛弃了。以往温暖的世界突然变得那么冷漠，那么黑暗，那么狰狞，那么现实而沉重。他无数次徘徊在楼顶，想着要不要一了百了。

张龙说，要不是当时有个不认识的网友对他说了一句话，他可能就挺不过去了。

那个网友说：“无论什么时候，都千万不要帮着命运来贬损自己。”在黑暗中，这句话像光一样照亮了张龙的人生。

十年后的今天，张龙早已还清所有债务，找到了真正的爱人，养育了一对龙凤双胞胎，父亲的病也好了。

他们搬到了城南的一套大房子里生活，张龙衣着光鲜，神采飞扬。当初为了还债，他不得已辞掉了高校的工作，和几位同学一起搞大数据开发，后来他又转行搞房地产。一路走来虽然并不是一帆风顺，有辛苦和挫败，但他的人生之路毕竟是越走越宽了。

知道为什么而活之后，你就知道怎么活了。

“你得去走，你得去迈步，路才会浮现。待在原地，只有死路一条，不是被压死，就是被吓死。”遇到的风风雨雨多了，张龙回想起当初的“走投无路”，回想起自己曾一次次徘徊在楼顶的情景，轻轻一笑。没有迈不过去的坎，只有待在原地的崩溃。

什么叫困难？就是停留在一个地方不动，人生自然就困住了；什么叫出路？就是走出去，多走几次就成为路。

有时候，现状的确很糟糕，糟糕到让人丧失一切希望，但无论多么糟糕，请你一定记得，不要站在原地帮着命运来贬损自己。

也许你曾做过很多蠢到不行的决定，为这些决定你曾付出了沉痛的代价，但是你一定要知道，要过上自己想要的生活，一定要付出长期的努力。即使暂时身处谷底，也不要虚度，要准备好，不断去找出路。

你不一定要名利双收，不一定要光芒万丈，可是当有一天你也迎来了春风得意，想想曾经落在谷底的自己，正是当时的死磕和不放弃才完成了这场自救。

3

这世间，哪有真正的走投无路？

所谓的走投无路，只不过是被“糟糕的现状”刺激引发的对未来的无尽担忧和害怕，这担忧和害怕的分量太重，压得人寸步难行，所以才会让人觉得“走投无路”。

假如你肯抛下这沉重的担忧与害怕，你肯睁开眼睛冷静地看看周围，便会发现，世间道路其实千万条，所谓绝路只在你心间。

世间不存在绝路。没路的地方也并非绝路，因为你还可以开路，或者绕路。哪怕你真的走进了一条死胡同，又何必担忧与害怕？只要转个弯，便又是另一条通途。

人生之路也可以导航，走不过去的地方，请掉头，请绕行，请重新规划路线。

只要你会掉头，会绕行，会改道，而不是站在原地被“可怕的未来”吓得不能动弹，或者直接拿头去撞那永远撞不破的墙壁，你的世界便永远四通八达。

人生有一种悲剧就在于，明明身后就是路，明明旁边就是路，明明上下都是路，却硬要对着前面几尺见方的铜墙铁壁把自己撞得头破血流，悲伤到肝肠寸断，消沉到无以复加。这又是何必呢？

不久前，我在书店里买了一幅很大的世界地图，贴在家里墙上最显眼的地方。每天早上起床，我总要站在地图前随意地浏览一会儿。

老陈说：“咦，你还有这个癖好啊？”

其实，我只是想随时提醒自己：你看，世界这么大，每一个稀奇古怪的地名都代表着一种截然不同的生活。

我常年在床边放着的一本书是《时间简史》。每次心情不好的时候，我就把它拿来翻一翻。然后我会觉得，宇宙这么大，我们遇到的那些破事，在宇宙中连个分子都算不上。

我们的生活，从来不是个封闭的、无处可逃的狭小空间，它是敞开的、四通八达的，随时都存在着另一种甚至N种可能性。

除非你心甘情愿把自己锁死在一个地方，否则无论你遇到什么，你都可以有N种出路来拯救自己。

目光短浅，是人的本能。如果你想让自己在有限的生命里获得更多，就必须懂得站在更长的时间线上来看待这个世界。只有经历过大风大浪，才有资格谈乘风破浪。

满面风霜还能心怀暖意迎向生活的人，都是人间至宝。

晴朗的人都是这样的：体会过人间百味，依旧心中有爱、眼里有光；既能在热闹中独善其身，又能在独处中自得其乐；从不与自己较劲，也不与他人为敌。

面对冷漠和对立，能保持内心平静，对全世界都温柔；面对难过和委屈，也能保持乐观的态度、独立的人格和勇敢善良的心。任人生给出什么难题，都能妥善接招，见招拆招，吸纳进内心变成安稳的力量。

如果你有一份改造自己的清单，我建议你把“做一个晴朗的人”放在首位。带着暖意和阳光而来的人，世界必报之以温柔。

09

完美只是一个前行的方向，而不是终点

1

一个百分百完美的人是没有的，不完美是人的常态。要学会原谅自己的不完美，如果你一直盯着它不放，会让你陷入无限的卑微。

我有个发小，他从小各方面都表现得很出色。他成绩优异，从小学到高中一直是年级里数一数二的存在，后来他考上了北师大，一直读到博士。

虽然他读的是理科，但他文科成绩和理科的一样好。文学、历史、地理……他无一不精通，无一不信手拈来，而一转眼他又能和你聊起宇宙、物理、化学元素，简直无所不能。

他不仅学习好，连体育也好，像篮球、足球，各种球类，没有他不精通的。

他的长相也不错，帅气活泼，声音挺好听的，以前学校里有什么文娱活动，都是他负责主持。除此之外，他还喜欢跳舞，街舞水平相当高，参加过大大小小的比赛，赢回来的奖杯、奖状摆满一柜子。

这样一个近乎完美的人，无疑从小就是“别人家的孩子”。

那时，只要一听到我妈带着艳羡的语气让我向“完美的他”学习时，我就会毫不留情地反驳回去：“可是他矮啊！”

我妈嗤之以鼻：“说得好像你很高一样。”

是的，这个“别人家的孩子”唯一的“缺点”，就是个子不高。此缺点是他唯一的痛点。谁也不能在他面前提到“矮”这个字，就是换一种说法（如“不高”）或同义词（如“短”）都不行。

谁提了，平时好脾气的他就会马上爆发，并宣布和对方绝交。所以我从不在他面前提这个字，只能经常在他背后提。

他觉得“不高”这个特点，就是在他完美无缺的脸上放了一颗硕大的黑痣，恨不得除之而后快。

为了消除这个缺点，他长期吃很昂贵却对身高没一点促进作用，反而对身体有一大堆副作用的各种营养品，买身高拉伸器，喝中药……花了一大堆钱，效果却是寥寥。

他对身高比对学业上心多了。他读完博士，都还在想着怎么可以增高。

他常常很焦虑，说：“我就快论文答辩了，其他我都准备好了，就是这个身高还在拖我后腿，到时我答辩过不了怎么办？”不明情况的人会认为他在开玩笑，但实际上他是真的焦虑，发自内心认为身高会拖他后腿。

他也迟迟不肯结婚，连谈恋爱都不敢。事实上因为帅气的脸庞和优秀的头脑，有不少女生对他表示过好感，但他常常和女孩子接触一段时间后就匆匆逃离，拉开距离。

他的理由永远是：其他各方面我都准备好了，就是身高这方面我还没准备好，别人和我接触久了一定会因这个问题嫌弃我，那还不如不要发展下去，等我把身高这个缺点攻克了，再去寻找爱情。

完美对一个人来说，也许是一种幻觉或是一场骗局。

如果你问他：身高这个“缺点”永远也克服不了怎么办？

他一定会斩钉截铁地告诉你：那我就一辈子不结婚！

对他来说，人生一切不如意都是因为自己的身高不够完美。这种“完美”，也是一种自卑，就是不相信自己现有的条件配得上现在的生活。

这世上真的有许多人，分不清愿望和欲望，误以为实现自己的欲望就是做自己，却不问它到底适不适合你，是不是真的存在。

你得知足，那些让你觉得很累的，远超越你的能力的愿望，其实都是错的。

2

记得小时候，我妈也曾教育我：你要争取把每件事都做好。我点了点头，把这句话记在了心里。

我果真争取做好每一件事。认真读书，认真写作业，认真做手工，认真画画，认真做家务……但我很快发现，尽管我对每一件事都同样认真地去做，结果却并不都尽如人意。

我认真读书，的确取得了好成绩；认真画画，也得到了老师的夸奖。但无论我多么认真地跑步，我就是跑不快；无论我多么认真地做家务，我就是做不好。

我很沮丧，因为并不能把每件事都做得很好，我认为自己很失败。所以我开始逃避去做那些我不能做好的事，而总是去做那些我知道可以做好的事。

后来我进了高校当老师，也是阴差阳错，实际上我知道自己并不擅长去做当众讲话之类的事。刚开始我是逼着自己去当众讲话，逼着自己和学生打交道，到后来习惯成自然，我可以轻轻松松地当着众人讲课了，也不再紧张和害怕了。

但我依然不擅长。我可以在心理上做到不卑不亢，坦然自若，但在技术上，我仍然做不到把一节课讲得妙趣横生，散发无穷个人魅力，吸引到别的系、别的班的学生慕名来听我讲课。我最多只能做到中规中矩地把一节课讲完。

当老师后我的体会是：我不抗拒当众讲话了，但我依然做得不够好。

这件事让我明白了，总有一些事，不是努力了、付出了、不害怕了、去追求了、去挑战了，就一定会得到好结果。但是，没有得到好结果，也不意味着失败，这只是“完美主义”观念下的失败。

完美主义认为，做事一出手就有好结果，才叫成功；做人方方面面都无弱点，才叫成功。

绕过“完美主义”的陷阱，你可以这样去想：既然上天给了你一道伤痕，你就要让它成为你的荣耀。

3

我们为什么那么欣赏“完美主义”？因为我们考试考多了。我们人生前二十多年的时间一直在不停地考试。完美主义，就是考试考多了的后遗症。

在考试的规则中，什么叫成功呢？能够得 100 分，就是成功；得不了 100 分，就是失败。

当考试的题目变得越来越难，人人都无法考到满分了，这个时候，规则就变成了能够考到最高分、第一名，那就是成功，否则就是失败。

而为了能够在考试中考到第一名，为了能够成功，我们唯有在考试前做大量准备工作。准备得越充分，就代表我们成功的可能性越大。

想想老师和家长在我们小的时候，是不是常常说只要好好复习，好好努力，做好一切准备工作，就能在考试中取得好成绩；这句话实际上是在说：你要先把能力提升到近乎完美，再做好准备，才能成功。

对于考试这件事本身来说，这句话没有任何问题。但是，如果我们把这种考试的模式内化了，并且照搬到现实工作中、梦想的追求中、人际关系中、亲密关系中，就会发现，很多时候我们都做不到完美。

考试的模式下，只要你事先把所有知识点掌握好，那就有很大的把握考一个好分数。规则简单明了：只要我努力，只要我付出，我就一定会有所收获。我越努力，付出越多，就会越成功。

而现实不是考试，倘若我们把考试的模式继续照搬到现实，就很容易获得失败感。

在考试的规则下，不是满分，不是第一名，那就是失败。90 分是失败，60 分也是失败，第二名是失败，最后一名也是失败。在考试的规则下，除了满分和第一名，其他分数和名次无意义。

为了不失败，我们不停地提升自己，不停地学习，不停地“克服”缺陷，不停地去做准备工作。这些事本身并没有任何问题，但如果我们做这些只是为了获取成功，只是为了得到100分或第一名，那就很有问题了。

因为在此前提下，我们唯一的结局，只能是遭遇失败。我们却认为，这是自己在追求完美，我们称自己是“完美主义者”，甚至认为自己很积极向上，很正能量。

其实，我们只是一群想要在现实中考那永远不可能得到的100分的傻孩子。

我们把自己当成了货品，总以为一定要被检验员打上“检验合格证”，才代表我们是无瑕疵的100分产品，才有资格被人放上货架，才有资格被人挑选、被人喜欢、被人拥有，才有资格转换成价值并从此过上幸福的生活。多么卑微！

4

如果你想把所有事都做得非常好，每件事都得到100分，那你肯定什么也做不了；如果你想遥遥领先，超越所有人，成为众人眼中的第一名，那你肯定连第一步都迈不开脚。

当我们认为只有100分和第一名才是成功的时候，我们做任何事都会围绕着这个标准来。此时，只要中途遇到了一点点小挫折，遇到了一点点不完美的瑕疵，遇到了任何一个有可能让我们遭遇扣分的意外，遇到了一点点偏离路线的小曲线，我们就很容易放弃整件事，甚至发展成自暴自弃。

既然得不到100分了，那这整场考试就毫无意义了。反正90分是失败，0分也是失败。

我的那位学霸发小不愿发展任何一段亲密关系，看起来是对自己要求很严格，实际上却是对不能获得完美亲密关系的恐惧。不能得100分，那就是0分，中间的一切全被否定。

你瞧，我们是怎样被那些大大小小的考试主宰了情绪，主宰了命运的。

电影《饮食男女》中，朱师傅在餐桌上说过一段话，其中大意是：人生不能像做菜，把所有材料准备好了再下锅。你非要等到齐备了才开工，可能永远等不到那一天。

同样，人生也不能像考试，把所有的考点背好了再上考场。你非要等到齐备，非要去追求100分，那你永远做不成一件事。

不要因为没有最好的回报就不付出，也不要因为没有完美的结果就不开始。不是变厉害了才开始，而是要先开始才会变得厉害。

所谓的完美永远只存在于想象中，所有现实中的人，现实中的事，现实中的关系，都没有完美可言。一旦你开始在现实中行动，那就必然会打破所谓的“完美”。

不是只要我付出努力了，我做事就会成功；不是只要我付出努力了，我们之间就会拥有完美的关系；也不是只有我先做到完美了，别人才会喜欢我。

在游戏《我的世界》中，在资源有限、工具有限、血量有限、武器有限、能力有限的时候，努力生存下来，并努力想办法去获取更多的资源，制造更多的工具，恢复更多的体力，装备更强的武器，提升更强的能力，才是现实。

非要等到资源取之不尽，工具用之不尽，血量永远不减，武器是最先进的，能力已经满级，做好“准备”了才去玩游戏，然后享受全世界第一的感觉，这叫什么？这叫作弊。作弊的游戏，还有意思吗？

生而为人，不完美才是常态。真正的追求完美，并不是要为达到完美不惜一切代价，而是拒绝为某件事的“差强人意”找借口。

完美只是一个前行的方向，而不是终点。

10

我们不是输给命运，而是输给预设

1

如果你的假设是假的，那么你的世界也不真实。

我在高校很多年，遇见过很多年轻人。

记得我第一年当老师的时候，有个男学生怯生生地跑到我办公室来找我。他涨红了脸，看得出是鼓起很大的勇气，左看右看直到看到办公室没有其他人了，才小声说：“老师，我有点烦恼想和你说说。”

当时，我正在喝一罐旺仔牛奶，所以我们就叫这个男学生“旺仔”吧。

我看到旺仔这么紧张，就安慰他：“好的，你有什么想说的尽管说，慢慢说，我听着。”其实这也是我当老师以来，第一次遇到这种情况，心里也很紧张，但我还是努力露出“慈爱”的笑容。

旺仔说：“老师，我觉得你很温和，年龄又和我们差不多，所以才把我的烦恼告诉你，我不求你替我出主意，只是想找个人说说话。”他推推眼镜，说话的声音小到几乎听不见，整个人由于紧张一直微微颤抖着。他的表述也很凌乱，我花了一番功夫才总算弄明白他要表达的意思。

原来，旺仔的烦恼是：在学校里，他很孤独。他自述没有一个真正意义上的朋友，同学们虽然都认识他，知道他的名字，也和他说话，但是他们并不是他的朋友。他们最多只和他打打招呼、点点头，而不会和他聊天，也不会和他玩耍。

他和同宿舍的同学关系也并不密切。虽然大家天天见面，但无论是上课还是去食堂吃饭，别人都三三两两、三五成群，而他总是孤身一人。

旺仔觉得自己好像被一层冰冷的光笼罩住了，这层光把他和其他人分隔开来，这层光让其他人一见到他就自动和他保持距离。这层光，就是旺仔的社交恐惧心理。

刚进校的时候，旺仔和大家都不熟悉，有人也会主动和他攀谈，想和他交朋友，但是，由于旺仔对社交有恐惧心理，别人一和他说话，他就浑身紧绷不自在，并下意识地想要快速逃离。久而久之，就再也没有人主动和他交谈了。

但其实，旺仔的内心深处还是渴望有朋友的，所以他很烦恼，很想克服自己的这一“缺陷”，改掉自己的坏习惯。

为了改变，他也付出了很多的努力。比如，逼迫自己去和陌生人谈话；在日常生活中观察其他人的一言一行，以便参考学习；看了很多“如何克服社交恐惧心理”的书和资料。虽然很努力，但收效甚微。

虽然他强迫自己去和陌生人谈话，但这并没有减轻或消除他的恐惧心理。甚至，逼迫得越厉害，就恐惧得越厉害。一个心底充满恐惧的人，必然是紧张的。这种紧张表现在表情上、动作上，他也给别人带来很不自然的压迫感、紧张感、逼仄感。这时，接近他和他谈话的人，就会感受到一种不轻松自在，反而相当紧张逼仄的气氛。人人都不喜欢这种感觉，所以自然也就不会喜欢和他谈话。

旺仔虽然鼓起巨大的勇气去和别人主动谈话了，却不能从这种社交活动中收获有利于自己的良性反馈，反而是负面反馈不断。因为总是收获负面反馈，旺仔对社交活动也就越加恐惧起来。

迫使他走进我办公室，向我倾诉烦恼的是这样一件事：他偷偷喜欢上了一个女生，可连和陌生人说话都会紧张得浑身发抖的他，又怎么可能去向女生表白？

所以他特别痛苦，特别烦恼，他的恐惧和焦虑达到了前所未有的地步，他比之前任何时候都痛恨自己的“社交恐惧症”。

当时的我，听了旺仔的倾诉，下意识问了他一个问题：“你为什么会恐惧社交呢？”

旺仔说：“我也不知道啊，反正就是觉得社交很可怕。大概是因为自己在社交里总得不到好的对待，大家都很苛刻，都不喜欢我。”

我开玩笑地说：“有没有可能是你事先预设大家很苛刻，都不喜欢你，先入为主地对社交产生了一种可怕和绝望的感觉，所以才会恐惧每次真实的社交？”

很多时候，我们喜欢在面对人、事、物时加上自己的判断、揣测和预设，然后在现有认知的基础上形成一种执念。什么是对的？什么是错的？这个该怎么样？那个必须如何……可这样往往是片面而武断的，容易造成内心秩序的失衡。

我不想去改造你思考的逻辑。我只想请你问自己：如果你的假设是对的，为什么你那么忧心忡忡。

如果你一定要让经常醉酒的人时刻保持清醒，让经常做出疯狂表现的人时刻保持理智，让大家都喜欢你，和你做朋友，那你其实一直在逼着自己走进死胡同，而通往死胡同的路是由不真实的预设铺就的。

2

很多年前，我也是一个“讨厌社交”的人。

每次要和别人说话，我都是鼓起勇气强作镇定，然后在心里说：我一定要表现得风趣幽默、平易近人，一定要把个人魅力最大程度地展示出来，以便让所有和我谈话的人都能感叹自己三生有幸，可以拜倒在我的个人魅力之下。正是因为这目标太过远大到不切实际，所以我每次都用力过猛。

一个人如果太用力，那必然是紧绷的。而人与人之间的交往，不是紧绷着展示谁更完美、谁更优秀，而是放松，以便让参加这场活动的人，都能有轻松和舒适的体验。

在交往互动中，你越紧张，越重视，越想要表现完美，越会不自觉地表现出强大的压迫感或被压迫感。而人们在交往中往往都不喜欢感受到压迫感或被压迫感，这两种感受都会让人浑身不舒服，当别人感受到不舒服时，自然就会下意识地远离你。

所以，每当我想在社交活动中展示“完美的自己”时，我其实就是在向其他人传递压迫感，这自然会让他们浑身不舒服。

另外，每次的用力过猛也让我感觉社交活动特别累，当然也非常排斥。

有些人在本该放松的社交活动中，会很紧张、很用力，而有些人却总能轻松应对，不是因为另一些人有天分，擅长这种活动，也不是因为他们掌握更多的技巧，只是因为他们对环境的预设不同。

一个人对周围环境的预设，对周围情况的想象，决定了他接下来会用怎样的方式来应对这个环境，以确保自己的安全。

如果一个人总是无条件预设他周围的环境是充满敌意的，是危险的，是随时会伤害到他的，那么接下来，他就会进入警戒状态，以便能够及时地应对即将到来的“危险”，这是一种“作战”状态。

如果一个人预设周围的环境是苛刻的，是需要自己表现优秀，才能对自己“无害”的，那么接下来，他就会竭尽全力地表现自己各方面是优秀的，以便能够躲避“危险”，这也是一种“作战”状态。

如果一个人预设周围的环境是充满善意的、宽容的、无害的，那么接下来，他就会进入放松状态，这就不是“作战”状态，而是“享受”状态。

为什么我们和一些人交往，总感觉自己心很累，总感觉气氛古怪，紧张而逼仄；而和另一些人交往，则觉得如沐春风，特别轻松自在，特别享受？我们会把原因归结为对方情商的不同，但最本质的原因，是他们对环境预设的不同。

前者往往预设环境很危险，所以他们是以“作战”状态和人交往；而后者往往预设环境很宽容，所以他们是以“轻松享受”的状态和人交往。前者是把与之交往的人当成危险的敌人，而后者是把与之交往的人当成值得信赖的伙伴。

有时候，我们并不是输给命运，而是输给预设。这个世界上最亏本的事，就是为尚未发生的事而担忧，为自己想象的结果而焦虑。

3

除了社交，在生活中，我们也常常会见到被各种“预设”把控的情况。比如，预设猫、狗是危险的，它们会咬我，会与我作对。这就是把猫、狗预先放在了敌对立场，那么遇见猫、狗，就像遇见了敌人，心中一紧，大惊失色，敬而远之。所以，我必然不肯去学习如何与猫、狗共处，并从中获取乐趣。

因为预设，我失去了用我的身体、心灵去切实地感受与猫、狗相处过程中的真实感觉。在与猫、狗相处这方面，我就必然是笨拙而不擅长的，必然是抗拒的、厌恶的。

人之所以会活得很累，大多是给自己加戏太多的缘故。

社交紧张和社交恐惧，或许也是先将外界的他人都预设为充满敌意的、苛刻的、挑剔的、难以相处的，那自然会导致对社交活动的紧张、焦虑和厌恶。

预设什么不要紧，要紧的是你预设什么就总会在现实生活中看到什么。预设他人充满敌意，那就必然会特别注意到他人“充满敌意”的言行举止，甚至会故意去“发现”他人的此类举止。导致的结果，就是发觉身边处处都是“敌意”举止。

“敌意”是站在对面的，与自己对立的、危险的，随时可能会攻击自己的，它导致人的紧张；“善意”是站在旁边的，与自己共处的、和平的，不具任何危险性的，它导致人的放松。

由预设敌意而忽略善意所导致的结果，是你发现他人果真都如你所想的那么坏，那么苛刻。他们都站在你对面挑剔你、取笑你、苛责你，与你为敌。

于是你为了保护自己，便愤而把自己和他人隔开，同时厌恶、恐惧他人。社交恐惧症就这样来了。

但现实不是这样的。他人有充满敌意的时候，也有充满善意的时候。两者出现的概率各占50%。敌意并不比善意多，这是现实。现实不会都是坏的，也不会都是好的。

当预设他人总是充满敌意，你就看不到善意了，因为善意被自动忽略了。

所以，在人与人的交往中，不妨有意地多注意他人善意的举止，而适度忽略他人的敌意。这不是一种有利于他人的美德，只是为了让自己重建对社交活动良好的感觉。

只有在社交中常常感觉到温暖和善意，一个人才会喜欢与他人建立起关系。

如果暂时还不能在社交中感觉到温暖和善意，那不妨先破除自己的敌意预设，而先预设他人是温暖、善良、宽容的。这时，你往往更有可能看到他人的温暖和宽容，从而给自己良好的反馈，以此建立起良性循环。

很多时候，所谓的命运，所谓的习性，不是被别的东西注定的，而是被我们自己头脑中的预设安排的。

人生如戏，结局往往出人意料。如果总是精心策划、企图让事事按自己预设的轨迹发展，就会错过很多有趣的或有挑战的事，也会错失很多惊喜。

选择在没有预设的情况下采取行动，不是假装无所谓，让内心纠结，而是彻底明白与其纠结一个预设的结果，不如放下内心的期待，把精力放在可控的事上，脚踏实地地做好自己。

生活是一个升级打怪的过程，问题总是层出不穷，麻烦总是来去不绝，你可以给自己许一个美好的愿景，但不要期待事事完全照你的预设前进。

你不必在事发生之前提前高兴或难过，而是全然地去感受生活中的酸甜苦辣，放下对周围人、事、物的控制，做自己可以做好的事，你就会知道自己有多优秀。

99% 的人际关系痛苦，

都跟“失望”有关，

一半的失望来自他人：你为什么这样对我？

另一半来源于自身：为什么没有人喜欢我真实的样子？

11

你不能等到生活不再艰难了，才决定开始快乐

1

当人的内心深处隐藏着自己不配、不值得拥有美好的时候，就会对自己的生活感到内疚和自责。

耳机是我的一个朋友，他经常觉得自己一无是处。

他说：“我长得一般，个头不高，也不聪明，学历只是一般本科，背景也无，不是富二代，自身能力也有限，如今混得只能说是勉勉强强，每个月就拿着几千块的工资，饿不死，却也买不起房，甚至以后结婚都成问题。唉，你说我怎么是这么差劲的一个人啊？我好失败，我该怎么办？”

倾听了他的烦恼，我很诚恳地说：“你看，你每个月拿着几千块的工资都饿不死，你怎么能说自己差劲啊？你长得只是一般，又不是丑；你长得只是不高，又不是特别矮；你学历都到一般本科了，

又不是专科啊；你能力虽然有限，但毕竟还有那么一点点啊，你怎么能说自己失败呢？”

天地良心，这番话说下来，我是真心实意觉得他还不错。可耳机听了后更加愁眉苦脸了，他说：“清蓝，我已经很难了，你又何必挖苦我呢？”

他的确是发自内心觉得自己很差很差，但实际上他真有自己想的那么差吗？

他是长得一般，但的确也不丑，不会让人一见就生厌，偶尔打扮一下也有一种独特的气质；他身高虽不到一米八，但也有一米七以上，并不是特别矮；他读书的时候虽然成绩不理想，但他很有眼力，人际关系处理得很好，大家都喜欢他；他虽是一般本科，但现在的工作让他有可以随时进修的机会，只要他想去进修，提升学历不过是时间的问题；他不是富二代，但父母好歹也是工薪阶层，并不需要他负担什么；他自己虽然暂时买不起房，但也不愁没有房住，以他目前的工资负担房租绰绰有余；他虽然在学习上能力有限，但客观来说，他在其他方面并不差，而且脑袋还挺灵活的，如果好好利用，假以时日，在工作上慢慢积累，好好发展，又怎会一直拿那几千块的工资？

但这些优势他通通看不见，眼前全是我哪儿哪儿都不行，我哪儿哪儿都不如别人。

正是因为他老是去看自己不如别人的地方，那些缺点便在他眼中被一天天无限放大。与此同时，他从来不去注意自己那些“好的地方”，于是这些“好的地方”在他眼中越来越小。到后来，他就觉得自己一无是处了。因为他身上所有的优势，已经全被他的误解屏蔽了。

觉得自己一无是处的人，无论做什么事，都会习惯性地去盯紧自己做得不好的地方，而对做得很好的地方视若无睹。所以他会觉得，无论自己做什么事，都做不好。

2

生活中要不断地降魔除怪，最难降的魔是自己的心魔。

有时候让人自卑的，不是“不够优秀”“不够好”，而是无法接纳自己。

一位朋友曾说过一句话：“接纳自己，就是接纳自己身上的所有特点，而不是按照世俗标准划分成优点和缺点。”

如何打败自己的心魔？第一步就是接纳自己，只要你不攻击自己，那就没有人能伤害你；只要你不质疑自己，那就没有人能诋毁你；只要你不否定自己，那就没有人能阻止你变好。

我们总是花时间研究自己的小缺点，然后觉得沮丧，感到自卑，实际上根本没有想象中那么差，一定有着不少小优点，有着自己没发现的可爱之处，在不断地让自己越来越好。

不要和自己过不去，要学会接纳自己身上的起伏，允许自己出差错，允许自己偶尔不在状态，不必再去刻意营造一个完美形象。

真正美好的人生，从来不是没有缺点和遗憾，而是接纳它并且拼命绽放。不顾一切地帮自己成为一个能挣钱、有本事、有阅历、有头脑的人，最后收获自由和幸福。

心魔能禁锢很多人一辈子。画地为牢的，往往是我们自己。我们终此一生，都要摆脱他人的期待，找到那个温暖、明亮的自己。

3

一个人究竟是自信还是自卑，是由什么所决定的呢？小时候，父母长辈对我们的看法，在很大程度上决定着我们如何看待自己。

一个小孩从小得到的欣赏和称赞很多，那他很有可能在长大后也会积极地看待自己，有发自内心的自信。而另一个小孩从小得到的欣赏和称赞少得可怜，反而经常得到父母长辈的批评和嫌弃，那他在长大后便很可能会消极地看待自己，自卑就此扎根于心底。

我们长大后怎么看待自己，其实是在无意识地延续小时候父母长辈的目光。假如我们自卑，那也只是过去时光中那些批评和嫌弃的回声在不停地影响着我们。

习惯性自卑的我们不可能穿越到过去，告诉我们的父母、长辈，请多欣赏我们，多称赞我们。我们做不到弥补所有遗憾，但我们可以做到：从现在开始，多欣赏自己，多称赞自己。

我们现在的自信或自卑，实际上是被自己决定的。我们如今看待自己的方式，决定了我们是欣赏自己，还是鄙视自己。而我们看待自己的方式，会在不知不觉间，引领我们到达完全不同的未来。

你若常常觉得自己一无是处，那世界的模样便会在你眼中变得严苛，你会觉得它无法征服，对着你面目狰狞、张牙舞爪。你会害怕被它吃掉，所以只能躲在洞中抱紧自己，瑟瑟发抖，无法动弹，更没办法向外踏出一步。

相反，你若觉得自己还有那么点“长处”，那世界的模样在你眼中便变成了游乐场，你会觉得有些项目可能有点危险，而另一些项目则可以挑战。你不会惧怕，也不会认为它们会吃掉你。你之所以欣赏自己，是因为你觉得，这世上有些东西是我有能力做好的。

尼采说：“一切从尊敬自己开始。尊敬毫无经验的自己，尊敬一事无成的自己。”

这世上，并没有真正“一无是处”的人。周星驰不是说了，一张卫生纸都有它的用处。卫生纸尚且不觉得自己一无是处，你又何须如此虐待自己？

和别人比较是最没意思的一种行为，比了一大圈，他的钱不会装进你的口袋，他的容貌也不会长在你的脸上，他的才能更不会转移进你的身体，倒是给自己比较出了自卑心理。其实，你真正的对手只有你自己，只要做到一直在进步，现在比过去变得更好，就已经很棒了。

我们总是有意地忽略自己的优势和长处，而对自身的缺陷和弱处耿耿于怀。但实际上，懂得适度地将自己的着眼点放在自身的优势和长处上，会让我们更加喜欢自己。而一个人，只有先喜欢自己，才能去喜欢他人，喜欢这个世界。

要活出精彩，首先就要尊敬自己。看不到自己有任何发光之处的人，也就不会拥有闪光的未来；觉得自己一无是处的人，大概也只配拥有一无是处的未来。

我们看待自己的方式，不是由他人对我们的态度决定，也不是由我们所遇到的事决定，不是一切由外界条件决定，而是由我们自己决定。

4

我们倾尽所有，不就是为了活一场值得的人生吗？不要因为一点质疑和挫折就灰心丧气。这个世上有坏事，也有坏人。但客观来说，也还有好事，也还有好人。如果一个人总是去注意身边的坏事、坏人，而对那些温暖的、习以为常的事视若无睹，那最终的结果只会让自己觉得，全世界到处都是坏事和坏人。

当一个人觉得身边的世界满是坏事、坏人的时候，他会害怕，会绝望，会绷紧神经，会过得非常痛苦。

当我们遇到一件事、遇见一个人的时候，换一种角度看待，或许会带给我们不同的感受。就像我们在满是槽点的自身，努力发掘出那么一丁点也许他人看不见的优势，它也会成为点亮我们未来的星星之火。

承认世上有肮脏，却也能更多地看到光亮，看到温暖之处，不管这光亮或温暖多么微小，那也会令我们的心灵获得滋养，从而获得勇气生存于这世间，获得斗志努力于这世间，我们才会让自己过得更加舒适，过得更加幸福，过得更有尊严。

有时你觉得周围的人都喜欢你，有时你突然发现所有人都不喜欢你，甚至存在恶意。希望你能意识到，这些都是你的错觉，是你主观放大了对环境刺激的反应。

每个人都在忙着过好自己的生活，不会在你的身上浪费过多时间和精力，所以不要看别人生活，也不要活给别人看，要用心过好自己的生活，用心做好自己，不要本末倒置。

当你既能接受世界光明的一面，也能接受世界黑暗的一面；当你既能接受自己好的一面，也能接受自己不好的一面，你就能抵达人生的另一种境界：与自己和解。

与自己和解，意味着你不再和不完美的自己较劲；与自己和解，意味着你不再需要全世界都理解你；与自己和解，意味着你不再需要总是向别人证明自己，因为你对自己足够了解；与自己和解，意味着你不再执着于证明自己是对的，能够包容别人；与自己和解，意味着你不再纠结于过去，不耽于遗憾，事过无悔。

作家张德芬说：“每次当你注意到自己在负面思考的时候，要能够‘断’。断的能力在于‘观’，如果你可以观察到自己的负面思考，你就已经成功一半了。如果能不理会自己的负面思考，还是乐观、正面地去处理事情，这样的人就能成功地断去让他不幸福的思考模式。”

一个人关注的点是在优势，还是在劣势；关注的事是好事多一点，还是坏事多一点；关注的事件中人心是好的方面多一点，还是坏的方面多一点，真的会在不知不觉间影响一个人的命运和遭遇。

12

没能活成你想要的样子，也值得庆贺

1

生活就像零食包装袋上说的那样，最终解释权都归它，由不得我们做主。

在高校教书的时候，我曾教过一个学生，就叫他小半吧。

小半在学校里是个很上进的学生。在那所专科院校里，小半以五百多分的成绩考进来，算是班里很优秀的学生了。但他一直很沮丧，因为他是高考发挥失常，才会考五百多分的。按照他的正常水平，怎么也得上个 211、985 之类的院校才对。但他偏偏阴差阳错，就被这个三流院校给录取了。

拿到通知书的时候，他差点没吐血。他不愿来读，坚持要复读。要不是父亲突然病倒，家里经济情况开始变差，他是要复读的。

因此，他很看不起他的同学，很看不起他就读的这所学校，当然，也很看不起在这所学校教他课的老师们。这里面自然有我。

我上课的时候，经常发现小半以一种轻蔑的眼神注视着我。

有一次我好奇地问他是不是有什么不满，他很拽地说："老师，你不觉得你上这种没有意义的课是在浪费大家的时间吗？"

我问他："那怎么样才能不浪费时间？"

他说："我的时间是要用来升本的，然后继续去读名牌大学的硕士。"

我肃然起敬，觉得在三流大学里还能遇见如此有志气的青年很难得，于是我祝他成功，并准许他可以不来上我的课。

小半的确很努力，也的确成功升了本。只是后来，在考名牌大学的硕士研究生时，他未能如愿。他不信邪，再接再厉，依然马失前蹄。

小半觉得难以置信，他说："我都这么努力了，每天只睡 5 小时，起早贪黑整天泡在图书馆复习，我怎么可能考不上？"

很多人劝他降低难度，考另外一所普通大学的硕士研究生，但他执意不改。再努力一年，依然未能如愿。后来，小半实在耗不起了，时间、金钱都有限，只好放弃。

其实按他的水平，考一所普通大学的研究生是没有问题的，但他赌气，宁可不考，也不读普通大学，所以他依然只是本科学历。

那所名牌大学的硕士就这样成了小半心头的痛。工作之后他也常常感叹："我当初那么努力啊，所有该复习的都复习得滚瓜烂熟，可以说该做的都做了，也不怕吃苦，怎么就考不上？"

是啊，怎么就考不上？但有时候现实偏偏就是，你怎么样也考不上。有时候，你做了该做的一切，努力了该努力的一切，但结局依然不会如你所愿。

但谁能保证你做了、努力了，就一定会得到想要的结局啊？生活中，从来不存在这样的规律。

非你所愿，不是生活中的意外，而是生活中的常态。

2

我曾经以为自己是个不喜欢控制的人。我从来不会要求别人一定要怎么样，我不会控制我的伴侣一定要几点回家，我也不会控制我的小孩一定要喜欢画画，我甚至不会控制我自己今天一定要达成什么样的目标……但我最近却发现，我依然是爱控制的。

我的控制欲埋藏得很深很深，埋藏到我以为自己已经足够豁达。但其实不是，我离真正的豁达还很远。

我的控制欲体现在：我总是在希望，所有事都能如我所愿地发展。

我想要身边我在意的人都能有个健康的身体，都能过上幸福快乐的生活；我想要生活中没有苦难，没有意外，大家都平安喜乐，岁月静好；我想要我的生活安稳到永远，我想要身边的人永远都不会离开；我想要我在意的人永远有最好的运气，过上最美好的生活。

甚至我希望，经过我的努力，我就会得到一个好的结果；经过我的努力，我就会拥有一段好的关系；经过我的努力，我的小孩就能够如我所愿地成长……

可现实是这世间没有任何一条规律写着：只要我做到了 A，就一定会得到 B 和 C。这条规律充其量只能是：我做到了 A，可能会得到 B 和 C，也可能什么都得不到，甚至还有可能会得到我并不想要的 D 和 E。

这世间诸事，大抵如此。

3

我的朋友小图和小读是一对夫妻。他们是在读研的时候认识的，两人是同学，感情很好。小读曾经为了和小图在一起，与相恋四年的男友分了手，当时也闹得满校风雨。可以说，这两人为了能在一起，也是不顾一切了。如今，他们结婚十年了，两人的小孩也都七岁了。

两人之间的激情经过了这些年风风雨雨的洗礼，经过了柴米油盐的细细熬煮，的确是越洗越薄、越熬越淡了。但与此同时，两人之间的牵绊却随着时间的累积缠绕得越来越紧，越来越分不开。

现在，他们之间的状况是大小矛盾层出不穷，两人经常说不到十句话，便会爆出一个全新的分歧点。当分歧点产生的那一刹那，他们都恨不得立刻离婚。但往往十分钟之后，两人又都会觉得，他们还是相爱的，不愿与对方分开。

陷入这样的僵局，小读和小图都很苦恼，为了挽救这段感情，两人觉得应该共同努力来修复他们之间的关系。

于是他们去参加了一些关于如何修复亲密关系的课程。为了把这段关系修复好，为了让这段关系保持下去，他们两个都非常努力，其间两人的关系也好好坏坏近两年。

遗憾的是，虽然两人都很努力，但最终他们还是离婚了。

离婚的那一天，小图和小读都很难过。小读哭着说："我们也不想离，我们都这么努力了，可为什么最终还是要分开？"

我们总觉得生活不会像电影里一样跌宕起伏，却忘了无常本就是生活不变的规律。

因为最终的结果依旧是离婚，所以小读和小图早就该对他们之间的关系放任自流吗？因为最终的结果是不被录取，所以小半早就该不付出那么多的努力吗？世间诸事，不会都如己所愿，所以我就应该什么都不去做，因为反正改变不了任何事吗？

生活中刺痛我们的，往往就是一些无能为力的瞬间。这世界上确实有很多事，不管你多么努力都实现不了。

4

到底是什么驱使着我们对某件事、某些事有想要去做的巨大的热情，而对另一些事就没那么渴望？是做好这件事就可以带给我们比做好其他事更为丰厚的好处吗？从某种意义上来说，是的。

我们之所以想做这件事而不是那件事，就是因为做了这件事，我们会很快乐、很满足，觉得人生有意义。即使结果失败了，我们依然会觉得满足。而如果我们做的是不想做的事，即使最后成功了，我们依然会觉得不够满足，也不够开心。

当一个人做的是他自己想做的事的时候，他才能体验到，他是被自己的愿望所主宰，是被自己的意识所操控，而不是被他人所主宰和操控，所以这时他是“存在”的，而只有存在感，才能带来意义感和满足感。

人生的意义不在于得到多少“成功”，只在于你能丢掉多少“遗憾”，你能得到多少“满足”，你能体验到多少次“存在”。

有很多事是我们无法控制的。比如，你再努力，也无法完全控制一件事的发展；你再努力，也无法控制亲人的生死；你再努力，也无法控制你在意的人过得是好是坏……但依然有一些事，我们是可以做的，我们是能尽己所能的。

有一句俗话说“尽人事，听天命”。在一个人的前半生，往往会忽略后一句话，只知道拼命地努力。在没有得到想要的结果时，往往就埋怨、悲伤。

这世间诸事，虽然不会都如己所愿，但你可以如你所愿地去做你想做的事，让自己可以开心，可以不留遗憾，那就是生而为人最大的成功了。

有些成长需要用“失去”催熟。没有活成你想要的样子，也值得庆幸。

人生的遭遇和收获大致可以分为两部分：第一部分是必须得到、必须留住的；第二部分是“得之有幸，失之我命”的。你要拼命地争取第一部分，并通过成长锻炼心态，平静地面对第二部分。

13

成熟意味着能看到差异，但又能意识到差异并不重要

1

对生活认知力低的人，人生会越来越被动。

微博上曾有个粉丝给我发私信，说她最近很烦恼。她觉得有些话不吐不快，但在现实生活中又很难找到能耐心听她倾诉的人。

我问她是怎么回事。

她说她和相恋四年的男友分手了，原因是双方的三观实在不合。

这位粉丝我们暂且称她为“柚子”，她男友我们就叫他“苹果”吧。

柚子从小生长在一个父母争吵不断的家庭。其实，说争吵并不准确。因为她爸爸比较内向，妈妈比较泼辣，当他们起矛盾争执的时候，一般都是妈妈喋喋不休，而爸爸冷言冷语。常常是，她正在

做作业，或是玩什么的时候，就猛然听见妈妈一声惊雷大吼，数秒之后，必然传来爸爸冷冷地摔门声。

她常年过得心惊胆战。现在她二十多岁了，冷不防听见一声大吼或大响声的时候，还是会条件反射地心中一跳。

柚子经过观察，认为她父母经常争吵的原因是三观不合。她爸妈之间完全不能互相理解，完全没有共同语言。所以柚子暗暗下了决心，如果以后她要结婚，那么对方一定不能是和她三观不合的人。

后来，柚子遇上了她的男友苹果。苹果是一个身材很好的帅学霸，完全符合柚子的男友人选定位。两人刚刚认识就颇有好感，不到两个月就达到了难舍难分的程度。

刚开始两人浅浅地交往，还觉得对方就是自己命中注定的另一半。柚子说，他们两人都喜欢看书，都喜欢看电影，都喜欢宠物，都喜欢运动，都喜欢旅游。你看，三观如此相合，这不是命中注定是什么？

等到两人开始生活在一起，深入交往了，柚子才发觉，原来两人之间除了有相合的三观之外，还有更多之前被她忽视的不相合的三观。

他们的确都喜欢看书，可柚子喜欢看的是《三生三世十里桃花》，而苹果喜欢看的是《百年孤独》《局外人》；两人都喜欢看电影，可柚子喜欢看的是《初恋这件小事》《我的少女时代》，而苹果喜欢看的是《恐怖游轮》《彗星来的那一夜》；两人都喜欢宠物，可柚子喜欢狗，苹果喜欢猫；两人都喜欢运动，但柚子喜欢瑜伽这类更温和的室内运动，苹果却喜欢跑步、骑行这些更剧烈的户外运动；两人都喜欢旅游，可柚子认为旅游就是去拍好看的照片，吃好吃的东西，买需要的东西，苹果却认为，只有背上背包去徒步穷游才是有灵魂的旅游方式……

总之，当两人生活在一起，柚子才惊觉，原本那些能算是“相合”的三观，几乎全部变成“不相合”了。她觉得很沮丧，既然和男友三观如此不合，那是不是注定以后就会矛盾不断，争吵不停？

一想到会过上和父母一样的婚姻生活，柚子就对自己的未来望而却步了。她觉得，与其以后过上更加痛苦的生活，还不如现在当断则断。她下了决心，果断地向苹果提出了分手的请求。

苹果大吃一惊，问：“你为什么要和我分手？你是不爱我了吗？”

柚子很伤心，说：“我是爱你的啊，但我还是要和你分手，因为我们的三观实在不合，分歧太多，以后生活在一起，注定会天天吵架。”

苹果说：“我们是有不一致的地方，但也有相合的地方啊。你要找和你三观完全一致的人，那就是在找和你自己一模一样的人啊，这世上有这样的人吗？”

尽管如此，柚子还是为了将来不过痛苦的生活而狠下心和苹果分道扬镳了。

分手后柚子又觉得后悔，她真的很爱苹果，对其他人都没有对苹果的那种感情，但是，她又实在没有和“三观不合”的苹果一起走下去的勇气。

她觉得很郁闷，只好跑来向我倾诉烦恼。

2

年轻的时候，我们知道一些粗浅的道理，就认为自己无所不知，并据此对他人妄加判断。

现在有太多太多的文章在谈“三观”，交朋友需要“三观”，找合作伙伴需要“三观”，谈恋爱更需要“三观”，两人要走入婚姻，“三观”更是必备条件。两人之间如果“三观”合，那自然是皆大欢喜；如果“三观”不合，那就一拍两散。

是的，两个人要交往，要成为朋友，三观的大部分相合是必备前提。我们需要口味的相投、志趣的相谐、灵魂的契合，需要说出口的话有人倾听，有人赞同。而不是无论自己在说什么，对方都难以理解或针锋相对。

我们都不愿意找个三观不合的人，都不愿两个人在一起时比一个人时感觉更孤独。我们总是期待着，可以从天上掉下来一个人，这个人天生和我们的灵魂完全相通，和我们的三观匹配度始终保持100%。我们没有说出口的话，他完全知道，因为他和我心意相通，我们的兴趣爱好完全一致，因为他的灵魂就是我的灵魂的复刻版。

如果暂时没有遇到这样的人，我们会说，他一定还在世界上的某个地方，只是我没有遇到而已。因为这个完美灵魂伴侣的存在，我们总会以挑剔的眼光看待身边的人，即使他和我们三观基本保持一致，我们也会嫌弃他还与我们有着那 5% 的“巨大分歧”。

天生和我们三观完全相合的人存在吗？或许是存在的。但地球实在太大，也许我们终其一生也难以与之相遇。

那么，除了这个完美的人，其他的人，因为不能与我们三观完全契合，所以我们就应该将其全部舍去吗？

三观并不是一成不变的，如果你觉得三观不合就不能坐到一起交流，那是你不愿意接受和包容与自己截然不同的东西，你在封闭自己。

三观是用来约束自己的，而不是用来审视别人或者一段关系的。

3

其实，有些关系是可以自己去尝试主动构建的。

与其被动地等待一个三观与你完全契合的人从天上掉下来，为什么不主动一点，去抓住身边那个你很爱的、三观也和你大体相当的人，去慢慢磨合，慢慢沟通，慢慢建立真正的亲密关系呢？即使失败，也好过没有尝试就无端放弃啊。

理想爱人的真正标志，不是完美契合的抽象概念，而是忍受差异的能力。般配是在爱情里互相成就的，而不是前提。

《奇葩说第六季》有个辩题是“伴侣有个 soul mate（灵魂伴侣），我该介意吗？”

反方的储殷老师以“过来人”的立场，述说了他与妻子之间十几年来的亲密与疏离。

他说：“有些话，恰恰是伴侣之间不能讲的。家不仅仅是一个舒缓压力的地方，它本身就是一个压力源。”

他说：“我和爱人的共同话题真的不多，有爱情的时候，你根本不在意她懂不懂你，你就是爱她。”

他说：“我经常工作很久，带着一身疲惫回家，极其焦躁、愤怒、沮丧，这时我的身上是带着一个深渊的，我不能和爱人讲，一个人失眠，看她熟睡，胜过两个人彼此煎熬。”

他说的这些，算是大部分夫妻的常态了。

大部分的夫妻之间、亲子之间，甚至朋友之间的相处，人总是下意识把自己脆弱难堪的一面隐藏起来，反而给对方留一个坚强而完美的背影。

中国式亲密关系很奇特的一点，就是大家相互之间都不沟通，即使沟通，也从不说心里话，不会向对方坦陈自己的情绪，也不接受对方向自己表达情绪。有了什么问题，两人一起背过身，不说话，硬扛。不仅各自默默伤心，相互之间还总是胡乱猜测，误会丛生。

和人有矛盾了，有分歧了，对人有意见了，被人伤害了，常常也憋着不说。不沟通的理由总是：不想给对方带来困扰，不想给对方带来麻烦，或不好意思说。

为什么这样怕给对方带来麻烦和困扰？大概是因为，害怕露出不好的脆弱的一面，去“麻烦”对方，对方就会厌烦，就不爱自己了。或者，因为给对方造成了困扰，所以我就“害”了对方，我就“不是好人”了。

很多人总是下意识认为，只有当自己是好的、坚强的、完美的时候，才值得被人爱。但在真正的亲密关系中，需要的不是完美却冷冰冰的塑像，不是好看却同样冷冰冰的奖杯。伴侣也不会想要整天抱着一个奖杯生活。

在真正的关系里，需要的永远是活生生的人。有好有坏，有坚强有脆弱，这才是活生生的人。

在真正的关系里，不可能没有沟通。

沟通不是只不停地说好的、完美的那一面；对不好的那一面闭口不谈，不叫沟通，叫粉饰。真正的沟通是可以分享伤心、难过、脆弱、无助的，而不用担心对方是否会因此看低自己，不爱自己，讨厌自己。

只有当两个人之间可以毫无顾忌地分享彼此的伤心、脆弱、难过、无助……不那么美好的事时，这两个人才拥有了真正的亲密关系。而只有当两个人之间拥有了真正的亲密关系，这段关系才会真正滋养身处其中的每个人，温暖每个人的心。

当一个人身上带着深渊的时候，为什么不找最亲密的人尝试倾诉，而一定要硬扛呢？当一个人觉得与另一个人“三观不合”的时候，为什么不直接向对方说出自己的感受，和对方尝试沟通一下，尝试磨合一下呢？当一个人觉得对方的行为伤害到自己的时候，为什么不直接向对方表达出来呢？

好的亲密关系不会从天上掉下来，也不大可能会有天生就懂你、和你三观完全契合的人，你需要倾诉自己，适当暴露自己，真诚说出自己的感受，对方才有可能渐渐懂你。

所谓成熟，不是让我们越来越善于假装坚强，而是我们越来越敢于袒露自己的软弱。

4

特德·姜说过：“成熟意味着看到差异，但又能意识到差异并不重要。”

一个人不可能和另一个人完全相同，一个人的灵魂也不可能与另一个人毫无差异，就像一片树叶不可能和另一片一模一样。

世上万物，都是带着差异性共同存在的，同样，这世间也不可能会有完美的关系。即使你们经过努力沟通，努力磨合，拥有了属于你们的良好的亲密关系，这段关系也永远不会如童话般完美。

即使是最好的关系，也同样存在很多差异性。我不可能完全等同于你，你也不可能完全等同于我。这是我与你作为独立的人，在世上存在的特性与尊严。

我们可以努力追求你我三观上大体的相合，但我们的三观永远不可能完全契合；我们可以努力追求相处的融洽，让彼此之间的关系可以相互滋养，但这关系永远不可能没有起伏变化，永远不可能完美无缺。

我们是成年人，不需要吞噬对方，而只需要和对方共存。

我们的手可以拉在一起互相温暖，但要明白，你我永远是两个独立而不同的灵魂，带着永存的差异。而这，不影响我们相爱，不影响我们共存。

好的关系，是能价值互补的。比如你是番茄，他是鸡蛋，可以成就番茄炒鸡蛋。互补，意味着整体相似，各有所长，组合起来实现价值最大化。

14

热闹是别人的，你可以自得其乐

1

我同学小梅给我讲过她家族里的一个故事。

小梅有个表姐远远，一直是家族里的“异类”。远远的父母从小就离异了，远远跟着她妈妈，也就是小梅的姑妈，一直住在小梅的奶奶家。

远远的妈妈离婚后没有再嫁，平时为了赚钱也挺辛苦的，没有更多的时间照顾小孩。好在远远很懂事，能够自己上下学、安排自己的生活，在学习上，她也从不让妈妈操心。

但远远的妈妈还是一见到她就皱着眉头，非常不满意。不仅她妈妈，几乎所有长辈一见到远远，都要皱起眉头，显得颇为操心。

远远长相不差，成绩优异，懂事听话，照理说，应该是长辈们喜爱的“乖小孩”才对。但小梅奶奶眼里的远远，却太“木”了。远远不爱说话，嘴巴也不甜，不会讨好长辈，不会在长辈面前卖萌撒娇。所以长辈都说她很木讷，甚至缺心眼儿。

每次一到过节的时候，亲戚们都聚在一块儿，大家热热闹闹。这时候小梅和她的几个兄弟姊妹往往会趁此机会对长辈们百般讨好，逗得各位长辈心头乐开了花，连连夸赞他们几个机灵懂事、性格好。

与此形成鲜明对比的是，在一片热闹声中，远远总是沉默地待在一边，自顾自地看起书来。长辈们每次看到，都会觉得远远很“煞风景”“败气氛”，忍不住逗她几句，却往往只会换回来一个礼貌性的微笑，或干脆是神游天外的“呆滞”神情。

很多长辈觉得远远不够聪明，智商有问题，但她学习成绩偏偏又是最好的，这件事让他们相当纳闷。

远远的妈妈因此也觉得丢了面子，粗暴要求远远一定要参与长辈们的谈话中来。

结果就是：远远一脸惊惶地勉强挪过来，却只是身体过来了，灵魂依然在别处神游，不插话，不应话，没表情，更不主动谈话。

看着这个像木头一样的远远，她妈妈眉头皱得更紧了，神情也更嫌弃了。亲戚们也更不喜欢远远了，而受到长辈批判的远远也更加惶恐了。

大人的态度直接影响了后辈，所以小梅从小一度认为，她这个表姐是真的脑袋有问题。即使远远学习比她好，也无法消除小梅的这个认知。

后来，因为常年生活在不被接受的环境里，常年被自己的亲人排斥嫌弃，被同龄人排斥嫌弃，导致远远常年生活在紧张惶恐之中，心理压力相当大，并最终影响到她的学习。

远远在初三的时候，差点因此情绪崩溃。好在她后来离开了妈妈，跟着爸爸生活。远远的爸爸对她相当宽容和理解。远远在爸爸的宽容和理解下，慢慢找回了自己，找回了自信，也找回了属于自己的生活。

现在的远远，名校博士毕业，在一个研究机构工作，是小梅家族里最出类拔萃的一位。

2

“你为什么总是一个人待在一边？太奇怪了。”

“你这个人，什么都好，就是不大合群。”

“你为什么不喜欢聚会？你看，所有人不都玩得很开心吗？”

“周末你一个人待在家不无聊吗？多出去结交朋友，经常一个人你都不憋闷吗？”

“听说性格内向的人心理都有点问题。”

“你太冷漠了。”

“性格太内向了不是好事，你得学着让自己变得外向一点。”

……

如果你是一个内向的人，那么以上这些话语你可能会在生活中无数次听到；如果你是一个外向的人，那么当你发现周围有内向的人的时候，你也总是会控制不住自己想要对他语重心长地劝导。

在我们的文化里，内向一直被当成一个人性格的缺陷。

如果你有幸生而外向，那你从小到大必然赢取赞许无数。大人们会纷纷对你竖起大拇指：“这孩子性格阳光开朗，惹人喜爱”；如果你“不幸”生而内向，那你从小到大必然会得到劝导无数。大人们看着你总在皱眉：“你什么都好，就是这性格太内向了，为什么你就不能变得外向一点呢？”“你应该向 ××× 学习，你看他多么开朗大方。”

外向变成了优点，内向则成了“必须改掉”的缺点。

因此，很多天生内向的人，为了迎合他人，为了更好地在群体中生存，他们强迫自己变成彻头彻尾的外向者，并坚决地向外界宣称，他们一点也不内向，是毫无疑问的外向者。

而另一部分天生内向的人，因为倔强地不肯迎合他人，就成了他人眼中的“异类”，被群体有意无意地排斥，甚至被恶意软暴力。就像小梅的表姐远远一样，只是因为性格内向，不喜欢热闹，就仿佛身上带着某种需要被“消灭”的病毒一样，包括她的亲人，都千方百计地想要“治好”她。

3

我曾经在一个心理小组的分享里，聆听到一个内向女孩的心声。

她说她从小就被告知，只有合群和从众才是正确的，不合群的人会被人嘲笑和看不起，所以她很恐慌，她觉得自己还挺享受独处的，也不喜欢人太多的场合，和太多的陌生人打交道让她倍感疲惫。这些“糟糕的特性”让她常常责备自己，认为自己“没有发自内心喜欢上社交”很失败。

女孩讲述了心声后，小组里很多人都很“励志”地对她进行了鼓励和安慰。他们说:“你再加把劲坚持下去，一定会彻底改掉你的内向性格的，加油！”

社交场合，对于内向者来说，都是大型精力损耗活动。拼命装作自己很外向，真的很累。

我也曾在人数众多的社交场合见过好几个满脸写着“不喜欢社交”的人，正在用混乱的表情坚定地对所有人声称，他们性格很外向，最喜欢的就是人多的地方。他们心口不一的宣称让我联想起学生时代曾见过一群女生欺负一个女生，理由就是：她性格太不合群了。

有些人总是劝诫内向沉稳的人变得外向积极一些，引导他们离开自己的舒适区去直面冰冷复杂的外部世界。但是从来没有人告诉那些执拗的外向的人多一些包容，把他们谴责内向者的嘴闭上，世界就会变成属于所有人的温暖舒适的地方。

4

苏珊·凯恩曾写过一本书《安静：内向性格的竞争力》，在其中提到一个观点：内向不过是与外向相对的一种性格特质，而不是一个需要改变或能够改变的心理问题或性格缺陷。

就像男女的性别是天生的一样，内向和外向的性格也是天生的。内向者更像是一个思考者，而外向者更像是一个行动派。这两种性格其实很难分出孰优孰劣，并没有哪一种性格处于绝对的优势地位。

但为什么总是内向的人遭受更多的误解呢？因为很多人并不理解内向者。

我曾听人说："不爱说话的肯定是内向的人。"但实际上，科学地鉴别内向、外向性格，是从人们恢复精力的方式来区分的。

外向的人的能量指向外部，通过外界来获取精神能量。对他们来说，聚会、聊天、一起干活……都是精力的来源，他们更喜欢社交活动，待在人群中能给他们提供源源不断的能量。他们具备同时灵活自如地和多人交谈，处理“多线程信息”的能力，在人群中待得越久，精力越充沛。所以他们往往更愿意和他人交谈而不是独自思考。

如果让外向的人独处，他们就会感到疲惫、无聊进而萎靡不振。因为失去了人群，也就是抽掉了他们的能量源，所以他们需要借助社交活动来恢复精力。

内向的人则刚好相反，他们的能量是指向内部的，通过独处的方式来获取精神能量。对于他们来说，聚会、聊天、一起干活……都是耗费精力的活动，他们更喜欢独处。

他们对内心世界更感兴趣，习惯在一段时间内只专注于一件事。他们喜欢一对一更深入的交谈方式，不喜欢同时和多人交谈，同时发生的“多线程信息”会令他们觉得刺激过度而倍感不适。他们更喜欢安静，更愿意独自思考。

内向的人在社交场合因为失去了独处，也就失去了能量源，所以他们会在人声鼎沸里疲惫，需要借助独处来恢复精力。

内向与外向根本不是一个人想改就能改掉的特质，因为精力的恢复方式取决于神经系统的构造，而神经系统的构造完全是天生的。

内向并不是一种不可饶恕的罪过，甚至不是个人的选择，它像一个人脸上长了一颗痣，是一种天然的性格特点。

很多内向的人常常因受到外界的误解就觉得自己的性格是个“错误”，

这是大错特错的。生而为人，你没有义务用一辈子去努力活成某个“外向的别人”。

5

内向不是病，它只是帮人们用特殊的滤镜看世界。内向者并没有错，错的是对内向者的误解。

不管是内向、外向，还是居中或是其他，那都是你自己的模样。接受自己，并发自内心地喜欢上自己，你才能充分调动出性格的真正优势。因为决定一棵树高度的始终是那根最高的树枝。

上帝给你一块长板，再给你一块短板，不是要你大动干戈、流血流泪把自己的长板给砍掉，再去补那块短板，而是要你把你的长板发挥到极致。

而内向者的长处正是可以独处的能力。内向者可以在独处中不断探索，不断思考。也因此，内向者思考问题往往会比外向者更为深入，做事更细致，也比外向者更能拥有专注的力量。

这才是内向者与生俱来的生存武器。将这个武器磨炼到极致，才是内向者在这个社会立足的核心竞争力。

以前听过一句话：如果你内向，你就能变得优秀；如果你外向，别人就会认为你优秀。但其实，真正优秀的人，无论别人怎么看，都难以掩盖他优秀的光芒。外向者在社交中展示魅力，内向者在思考中散发光芒。

不要把时间浪费在你不擅长和与你本性相违背的东西上。内向者不用假装外向，外向者也不必故作沉默。

如果一个真正内向的人放弃了思考，投身于外向者们游刃有余的世界，那无疑是放弃了自己与生俱来的光芒，却又无法展示出如真正外向者一样的魅力，最终只能流离失所，得不偿失。

15

没有自律和自觉，就没有真正的自由

1

我的读者小布很兴奋。他终于向公司递交了辞呈，马上就要开始他自由的新生活了。

从今以后再也不用看他人脸色，再也不用处理那些讨厌的人际关系，终于可以专心于他钟爱的漫画工作，用兴趣爱好养活自己了。小布当晚便制定了今后一年的目标和计划，他信心满满，准备大干一场。

小布的决定是经过深思熟虑的。之前因为一边工作，一边画漫画，他常常处于精力透支的状态。他的本职工作虽然工作量不大，但交际量很吓人。所以，他常常不得不拿出很多宝贵的业余时间去完成那些隐形的“交际任务”。

近几年来，他的副业渐渐有了起色，收入逐渐超过了工资。小布认为，就算离职了他靠副业也完全能养活自己。

但是离职后，他的状态却是这样的：每天睡到日上三竿才起床，之后就是各种刷网页、刷微博、刷朋友圈、刷电影、刷剧……因为总觉得时间还有那么多，所以他每天都是先玩玩，等玩够了，才去画画。这样下来，他每天画出的作品少得可怜。

一个月下来，他根本就没画成几页画，但他想：没关系，反正我时间那么多，下个月再开始努力吧。结果，下个月依然如此。

小布始终没像他之前预想的那样大干一场，长久的行为模式渐渐形成了习惯，以致他现在不先玩一玩，根本就无法静下心来画画了。他很想跳出这个怪圈，却总感觉有心无力。

自由像一座山，没有实力是扛不动大山的。不真正面对问题，你不会知道自己有多弱。

2

朋友小本被逆袭成美女的女同学打击到了，她看了看自己那张和多年前一样土，只是变老了点的脸，下决心也要逆袭。

为了逆袭，她做了详细的计划。她决定每天跑步半小时，每天贴墙站半小时，每天研究服饰搭配半小时，每天护肤、按摩半小时，每天喝八杯水，饮食保持清淡，多吃蔬菜、水果，少吃肉……

她坚持了一个月，这一个月她天天在朋友圈喊口号，非常励志。

一个月后，朋友圈里再也见不到她的身影了。她自述这一个月来很累，想要休息一下。结果这一休息，很快又变成以前那个连敷面膜都嫌麻烦的小本。

我问她为什么不坚持下去，她懒懒地叹了口气说："和自己的懒惰作斗争，真的好难啊！"

有人说，二十几岁是有幻觉的年纪，最容易随波逐流。有些时候你变得畏首畏尾，觉得自己不行，是因为你很清楚自己的实力。

3

曾有读者问我："你写文章是不是很爽？可以在文章里抒发自己的喜怒哀乐，宣泄各种情绪？"

记得当时我的回复是："酸甜苦辣都有吧。"其实我很想说，四种滋味里，甜的成分和其他比起来，是相当少的。

真实的情况是：在我写文章的时候，没进入状态之前，我一直都是不大舒服的。

各种各样的欲望总会来诱惑我。“先刷刷微博再写吧……不如先去逛逛某宝……朋友圈里大家都发了什么呢……好想看电影……好想看书……好想……”

不写文章还好，一开始写文章，各种各样的“好想……”就通通冒出来了。这些想法总是争先恐后地从我的内心深处流窜出来，强烈地诱惑我。

就好比在你跑步累得要死的时候，有人在你耳边不停温柔劝说：“快停下来休息一下吧。”克服这些欲望的骚扰，需要强大的精神定力。

一个人之所以做事总是半途而废，并不是因为他遭遇了什么不得了的严重挫折，得到了什么不公平的待遇，而是因为他无法掌控住自己心底那些蠢蠢欲动的惰性。

4

有一句话是这样说的：“一个人一旦控制住了自己的惰性，他便掌握了自己的命运。”还有一句话：“当你能够掌控自己，你也就间接地掌控了世界。”

听起来真的很简单，做起来也真的很难。因为人的本性就是贪图安逸的，想要偷懒，想要吃喝玩乐，贪图享受的欲望会始终盘踞在你内心深处，这次你压制了它们，下次它们还会卷土重来。

它们就像打不死的小强、除不尽的野草，你要压制它们，就得做好长期战斗的准备。也许你这次战胜了其中某一个欲望，到下次却又不一定。所以很多人不是败给了别人，而是败给了自己，败给了心底那不停地卷土重来的汹涌欲望。

那些最终有所成就的人，无一不是自律力惊人的人。

自律并不是自我约束那么简单。所谓的自律，是在对自己的理解和接受基础上对自己的征服和掌控。你首先要理解自己，才有可能征服自己；你首先要接受自己，才有可能掌控自己。

自律是一种什么体验？就是不再被生活拖曳着前进，而是生活在你的方寸之间，未来变得可控，一切都有条不紊地进行，想要的生活触手可及。

那么，怎样才能有效地做到自律呢？

一、你要弄明白你到底想要做什么，才会使你想要达成目标的愿望无比强烈。

只有拥有无比强烈的愿望才会令你狠下心去逼迫自己。想要约束自己，你必须先有足够强烈的动机，而产生足够强烈的动机的唯一条件是你发自内心地想要去做这件事。

比如，很多人都想要逆袭，然而很多人也只是想一想，从来狠不下心逼迫自己迈出第一步。

原因有两个：一是不够自信。他们打心眼儿里不相信自己做得到；二是这件事其实并不是他们真的发自内心想要去做的。很可能是别人要他们去做，或者基于某种普遍的价值观，大家都在做，所以他们觉得自己也应该去做。

要判断自己达成目标的愿望是不是无比强烈，你可以先在心里问问自己：这件事真的是我自己想要去做的吗？我真的对做这件事拥有无比的自信吗？

一个人只有去做自己发自心底想要做的事，并拥有强烈的自信，相信自己一定可以通过行动实现目标，并且对此毫不怀疑，他才不容易中途放弃。

如果这件事并不是你真的想做的，而只是别人逼你，或你不得不去做的，那就不要再问“为什么我不能坚持了”。趁早放弃，把做这件事的精力放在你真正想做的事上，会使你的行动更有效率。

二、立刻做，并学会和“偷懒的欲望”相处。

“偷懒的欲望”总是在每一天刚开始的时候就来诱惑你，它们通常会对你说：“现在还早得很呢，时间那么充足，你先玩玩，等会儿做也来得及。”或者，“睡在床上这么舒服，你干吗起这么早？”或者，“先看看网上发生了什么，先刷刷朋友圈……”当欲望这样诱惑你的时候，请不要向它屈服。如果你一开始就向它屈服，那之后你就会一直屈服。

但是请不要和它对峙，不是把它完全消灭，也不是强硬地压制住它，不让它出来。

“偷懒的欲望”并不坏，它其实也是你自身的一部分，它的本质并不是想与你作对，而是在“关心”你、“关照”你、“关爱”你。它一厢情愿，只是想要提醒你关怀自己的身体，想要让你过得更舒服、更惬意。

你不必把它当成必须消灭的敌人，也不必为自己有“偷懒的欲望”而感到羞耻。所有的人，无论有多努力上进，无论外在表现多自律，内心其实都存在着“偷懒的欲望”。

你也不必排斥它，只需要安抚它。当你安抚好自己的欲望，让它明白它被理解了，它就会在你工作的时候悄悄隐身了。

自律不是对欲望的克制，而是对欲望的规划。

三、做事的时候，别猜测结果。

人在投入做一项工作的时候，如果一直对产生的效果患得患失，各种情绪便会乘虚而入。这些情绪会让你产生不舒适的感受，进而产生各种联想，从而影响到你对工作的自信心，甚至让你产生犹豫。

比如有些人想要减肥，却一边减肥一边又对效果患得患失，总是想：我真能减肥吗？我到底能不能坚持下去啊？这种减肥方式对我合适吗？我会不会反弹？……

猜疑会动摇你的信心。信心一旦动摇，动力就会不足。而我们做任何事，靠的就是做事背后的动力。在做事的过程中，请保持“盲目的自信”。在整件事完成之后，我们再来客观地审视这件事完成的效果究竟如何。

四、不要给自己任何退路，不要想如果我今天完不成也没什么，或我只放松今天一天。

放松一秒也不行。假如你认为今天完不成也没什么，那明天你也会理所当然地认为完不成也没什么。

把有退路的想法换成“这件事我今天必须完成”，把“先休息一下再完成”的想法换成“先完成了我再好好休息”。

五、在做事的过程中，用心体会“获得感”“成就感”“爽感”，这些良好的感觉会让你明天继续主动去做这些事，而不要故意去放大“疲累感”“被迫感”“焦虑感”。

如果你在做事时感到疲惫，那你一定要在完成任务后好好休息，犒劳一下自己。你可以在每天完成任务后给自己一个奖赏，比如完成了任务，那就奖励自己一个最喜欢的零食，或者看一部最喜欢的电影。

这样做的目的，是给“偷懒的欲望”一个满足的空间，同时，也有利于自己对要完成的事建立起良好的感觉，而不是觉得被它

“逼迫”。

六、别让小事烦扰你。

生活中的一些小事必须及时处理。比如，洗衣服、扫地、缴水电费等，这些小事虽然很小，但不及时处理它们，它们就会耗费你的精力，让你整天惦记着，让你不能全身心投入重要的事上，注意力分散会让人心烦意乱，小事堆积会让人情绪糟糕，这些都不利于你对所要完成的事建立起良好感觉。

七、别让任务来逼迫你，你应该成为主动者。

是你在完成任务，而不是任务在逼迫你完成。倘若你把主动权交给每天的任务，也就等于放弃了你掌控任务的能力。久而久之，你会沦为完成任务的机器，终究有一天，会让你感到厌烦。当你感觉厌烦时，那也就是你放弃整件事的时候，因为人不会主动去做让自己感觉糟糕的事。

所以，要让自己成为主动者，那就需要建立并维护好对这件事的良好感受。不要觉得它很“烦”，而要多想想它给你带来的好处，并在完成它的过程中，多感受它带给你的成就感等良好的感受。

八、让他人监督你。

如果你对自己的自控能力没有信心，也可以让别人来监督你。比如，你想坚持读书，可以加入一些读书社群。但是，千万不要把希望全部寄托在别人身上，因为能够控制你的，最终还是你自己。

一个人有理想和野心是好事，但是，如果你空有野心和理想，没有掌控自己的能力，理想再丰满，终究也会变得骨感。

放纵自己可以有一万个理由，掌控自己也有一万种方法，但归根结底，还是在于你自己的选择。选择并不只是作决定的那一刻，每天每时每分每秒，你都在不停地作着选择。

当你觉得管不住自己，想要偷懒，想要懈怠时，想一想自己想要过上的生活，大概就不会让自己沉迷于享乐中；当你觉得坚持不下去，想要泄气，想要放弃时，想一想放任自己的后果，大概就有了进行自我约束和克制的紧迫感。

有自控力的人，才配谈自由。掌控好欲望，你就掌控了人生。

人是因为什么都没做才会有那种悬在空中的失重感，你把生活的支配权交给了虚无，自己也就只剩下无能为力。

16

选择你所喜欢的，爱你所选择的

1

问题太大没有答案，但似乎每一步又都有迹可循，很多事，就算时间能重来一遍，以你当时的心智和阅历，还是会作同样的选择，避免不了同样的结果。

晨阳是我的大学同学，毕业后她去了一个边远的小城工作。那时，她怀着一腔的激情和抱负，想要在这片人间净土实现自己的人生价值，拥有一个和别人不一样的火热青春。

十年过去了，我在同学群里遇到了她，说起了近况。她说，她当时脑袋一定是进水了，才会想到跑去那么远的地方。她自诉现在的状态就如行尸走肉一般，上上班，喝喝酒，打打牌……除了无聊还是无聊。

当初曾让她灌注了无限热情的工作，早在年复一年、日复一日的机械重复中变得索然无味。

现在她已结婚生子，但是丈夫不在这个小城工作，所以他们只好两地分居。前几年他们有了小孩，为了让小孩有个好的上学环境，她只得忍痛把孩子留在发展更好的大城市。

她很后悔，自己当初想问题还是太简单，只顾情怀，从没考虑过现实，如果当时她能够现实一点，眼光长远一点，哪会变成现在这样?

晨阳就这样一边埋怨、后悔，一边不情不愿地继续现在的生活。

2

小萍和老公毕业于同一所大学。当时，小萍的老公对小萍一见钟情，并立刻对小萍展开了猛烈的追求。

他几乎天天在小萍的宿舍楼下等她，给她买早餐，和几个男生一起在楼下大声喊她名字，惹得全楼的女生指指点点。小萍去哪里，他总是随时跟到哪里。

小萍从小是个乖乖女，和男生向来保持着距离，没谈过恋爱，更没被男生这么嚣张地追求过。

面对男生的热情，她虽然感到很惶恐，但也有一些受用。她自己也说不清楚对这个男生的感觉是什么，好像并不讨厌，却也没有到喜欢的程度。

其实当时的小萍，对同班的另一个男生是有模模糊糊的好感的，对方似乎对她也有感觉。在上课的间隙，两人常有着“不经意”的目光交合。只是，这种暧昧的好感实在太模糊、太像幻觉了，小萍自己都无法确定。

当追求她的男生开始一步步紧逼，小萍在迷惘中就更加看不清自己了。因为习惯了被动，小萍最终接受了男生的追求，两人成了恋人，毕业后又成了夫妻，并生下了孩子。

直到有次大学同学聚会，小萍才再次见到当初模模糊糊喜欢过的男生。经历了世事，思想变得成熟的小萍，这才突然意识到，这个男生才是她真正喜欢并且最适合她的人。

之后，小萍不淡定了，觉得自己的生活就是一个错误。当年的幼稚无知把她推向了一个错误的轨道，一切东西都不是她想要的。

她开始埋怨现在的生活，埋怨老公，埋怨自己，内心充满悔恨。她常常想：如果当初不那么迷惘，不那么幼稚，不那么被动，生活是不是就会完全两样？

3

“如果当初我不去读那所学校，我肯定会比现在过得好。”

“如果当初我不是遇上了他，我哪会变成现在这副模样？”

“如果当初我勇敢一点，会不会现在的生活就完全是两样？”

“如果当初我能像现在这么成熟，肯定不会犯下那些错误。”

……

闲暇时，夜深人静时，翻看照片时，回忆以前时，被现实伤害时，你有没有暗自用“如果当初……就不会……”这个句式造过句？

影片《夏洛特烦恼》其实讲的就是一个“如果当初……”的故事。

夏洛获得了可以修改当初的特权，于是果断地修改了曾让他后悔的当初，如愿以偿地顺着另一个选择走上了不同的道路。然而，那条路却远远没有他想象中美好。

结尾时，夏洛从梦中归来，抱着失而复得的马冬梅不愿放手，情感发自肺腑，感人至深。

但可以想象，随着日子一天一天过去，三五年、几十年后，在一地鸡毛的生活中，在每天毫无新鲜感的司空见惯中，在每日琐碎的争吵中，他是否会再次后悔？再次怀念起班花的美貌？

我相信看过这部电影的观众，在影片结束时，内心都曾强烈地回荡着一个声音：“多珍惜身边人吧！”可在这感慨淡去之后，在琐碎的生活中，你是不是又再次徘徊在“如果当初……就不会……”这个句式里？

没有人能预测未来，总有人后悔当初。世界上，人们最想吃却永远也吃不到的怕是要数“后悔药”了。

18岁，你高考失利，离开熟悉的家乡去读了不喜欢的专业；20岁，你任性伤害了初恋，直到多年后才知道爱情有时候是错过了那个人，就再也遇不到了；22岁，你在工作还是考研之间纠结，最后却浑浑噩噩，两件事都没干好；27岁，你在婚礼上牵起对方的手，音乐响起时你犹豫了，但还是踏着旋律走下去……

选择这种事根本没有后悔一说，成年人都有自主思考和独立行动的权利，自然也要接受选择的结果。

游戏输了能从头再来，人生却不行。多年后，你陷在“如果当初……就不会……”的遗憾里，感叹自己是如何一步步毁了自己的人生。

4

一个人只要活着，便始终会有或大或小的遗憾如影随形。我们最多只能做到尽己所能，让遗憾尽量少一点，再少一点。

但是，因为我们无法掌控他人，无法掌控环境，无法掌控机遇……所以我们就无法完全避免生命中发生的遗憾。

如果把第一个故事中的晨阳送回过去，让她选择另一条截然不同的人生道路，她或许不会再向我抱怨无聊单调的小城生活，但她说不定又会抱怨起在“北上广”奋斗的艰难，埋怨起城市的庞大、人心的复杂，而对小城悠闲简单的生活充满向往……

如果第二个故事中的小萍当初真和她认为“更合适”的男生在一起了，她就能过上比现在更好、更幸福的生活吗？她说不定又会感叹：要是当初答应了曾疯狂追求我的男生，现在会不会拥有更幸福的人生……

拥有犹豫性格的人，遇到岔路时无论作出怎样的选择最终都会后悔。让他后悔的，其实也不是眼前的路有多曲折难走，而是来自对所放弃那条路产生的莫名向往。

我们可以尽情发挥想象力，将那未知想象得无限美好。像陈奕迅在歌中所唱“得不到的永远在骚动”。那永远骚动的，不过是因为我们总认为它们比摆在面前的现实更美好。

想象总是比现实完美，现实总是比想象苍白。然而，那充其量只是我们的臆测。没有人能预知，如果当初作了截然不同的选择，是否就一定会比现在更加美好。

影片《但丁密码》里有句台词我很喜欢：“人生就是不断作选择

的累积，选择就是选择，无所谓对与错。”

在面对人生中众多选择的时候，很多人总是迟迟下不了决心，自称有“选择恐惧症”，他们非常害怕选错。因为他们总觉得，一旦选错了，整个人生都会受到重大的影响，给自己带来不必要的损失。

“选择恐惧症”的存在，不过是因为太贪心。就是想全选，又不行。怕选错，实际上是怕承担不好的后果。他们总想要选择一个“不会带来任何坏处，只有好处”的完美选项，但这样的选项根本不存在。有得必有失，就像有阳光必有阴影。

任何一个选项在让你有所得的同时也必然会让你有所失，反过来也是一样，有失的同时当然也有得。得失从来不会分离，它们本就浑然一体，就像阳光和阴影总是相伴而生。

无论你怎么选，无论你选哪一个，你的选择必然有好处也有坏处。现实中的我们，永远无法回到过去修改我们的人生。当我们在现实中遭遇一地鸡毛，就躲回到想象中去臆想当初，不过是在逃避责任罢了。

世界上根本就没有逃避这一说，只是用一些困难交换另一些困难。

也许有些人清楚地知道世上并没有完美的选项，但是，他们依然害怕作出选择。那是因为他们内心有一个严苛的自我，当他们认为自己“选错了”的时候，这个严苛的自我就会跳出来，在他们的内心深处埋怨他们，嘲笑他们，贬低他们，让他们觉得自己一无是处。

这个严苛的自我，可能来源于幼时严苛的长辈、严苛的环境，它用一双挑剔的眼睛注视着他们的一举一动，让他们不敢承担一丁点犯错的责任。因为一旦犯错，就会受到这个严苛的自我狂风暴雨般的暴怒和谴责。

如果是这样，请告诉自己，世界上没有任何人不会犯错，而只有犯错，才能证明我是一个有血有肉、活生生的人。即使偶尔犯错，天也不会塌下来，我也有力量去承担这个选择的后果。

选择不难，难的是坚定，选择必须匹配坚定，才能有所收获。列夫·托尔斯泰说：“选择你所喜欢的，爱你所选择的。”

每个人一生中总要面临无数选择，当走在分岔路口，与其绞尽脑汁去想到底哪条路是康庄大道，倒不如选择一条自己喜欢的路。当你已经走在了某条路上，那就真心实意地爱你的路吧。

决定你过什么样生活的，从来都不是哪一次的选择，而是你一直以来的状态。

人生最大的悲剧，就是既看不见眼前的风景，也回不去臆想中的曾经。

你要相信，无论怎么选择，你都不会比现在过得更好。无论你怎么选择，也总会有得失让你承担。而你，永远不会只得不失，或只失不得。

后不后悔这件事，并不是由选择的那一瞬间决定的，而是由选择之后的许多日子决定的。谁也没有预知未来的能力，能在某个瞬间作出绝对正确的选择。能把自己选择的东西把握好，就不会辜负自己曾经错失的。

一个选择没有所谓的正不正确，它只在于你最后怎么执行，把弯路走直、把直路走弯都是太正常的现象。你能做的，就是在冷静思考后，作出当下遵从内心的选择，并通过所有努力，把它变成最适合你的，最重要的是，能对自己的选择负责。

不管选择什么，都要坚定地往下走，都要始终站在当下往前看。你只能做自己觉得对的事，然后接受它的事与愿违。不能沉浸在对错误的自责中无法自拔，否则只能越选择越差、越走路越窄。经历了时间的冲刷和考验，选择对了，皆大欢喜，一路顺风顺水；选择错了，重整旗鼓，力求不再犯错。

如果说人生选择有什么秘诀，其实就是两个字“试试”；如果错了，爬起来，再试试。

为自己的意愿全力以赴，就不是浪费时间；为自己的选择全权负责，就不是儿戏人生。

不要为了合群而放弃任何有关自我的部分，

为了显得自己好相处而假装融入大家，

还有比这更孤独的事吗？

你是谁就是谁，群体改变不了你。

17

这世界的温柔，
来自你的强大

1

人的一生都在追求认同感，出现这种感觉，不是别人心不在焉地恭维“你有这样的父母真好”的时候，也不是你偶尔沾了身边人一点光的时候，而是你尽己所能，真正让自己强大起来的时候。

高中时，我最好的朋友小单曾说过一句话：“太阳底下，不想被人看不起。”那时，她常被人指着鼻子耻笑。

有个一向看不惯她的女生当着所有人的面，大声而清晰地宣布：“怪不得你从来不说你家的事，原来你家这么穷，还没有爸爸，成绩又这么差，哈哈哈哈哈哈……”小单像一块挺立的寒冰，浑身散发出凛冽的寒意。

人在遭遇严重伤害的时候，会试图把自己变成一面镜子。因为

只有镜子，才可以将所有的伤害反射回去，最大限度地保护自己。

但人终究只是肉体凡胎，不可能做到对所有的伤害无动于衷。当那些伤害刺到身上，觉得痛了，如果你不想认输，那么就只能反击。所以小单便拼尽全力地反击了。

她没有面目狰狞地扑上去干架，而是选择了更高级的反击方式：她翻开书本，开始以智力复仇。因为嘲笑她的女生，是整个年级里数一数二的优等生。小单觉得，对待优等生最残忍的方式，就是挤掉她的优等生宝座。

成绩一直在中游的她开始各种潜力大爆发。她每天逼自己做数学题到凌晨一点，而在那之前，她最讨厌的就是数学。她曾说："记那么多公式，刷那么多题有什么用？以后生活中谁也不会用到。"

她曾无比确信自己会厌恶数学一辈子。但为了不让数学拖分，她下了死劲和它硬磕，原以为会很痛苦，没想到全身心投入进去之后，她竟然越来越喜欢数学了。

那耻笑曾气得她七窍生烟。待到烟灭，她仿佛突然开了窍，在学习上勇往直前。

高考她数学考了 145 分，差 5 分就是满分，她被一所 211 大学录取，读的专业是应用数学。之后她又读了硕士，并赴德攻读博士，在这条"变态"的道路上越行越远。

毕业后她结了婚，定居德国。这是以前的她从来没有想到过的。

从小学起成绩就一直平平的她，那时最大的愿望不过是考上一个普通本科而已，然后再找份普通工作，结婚生子，在小城过完自己普通的一生。怎么也没想到，她的人生，竟然被一句充满恶意的耻笑给生生改变了。

刚开始她拼命只是因为气愤，因为心有不甘，因为委屈，因为埋怨，甚至因为仇恨。但渐渐地，努力着，努力着，她就麻木了，习惯了，心如止水了。

她不仅习惯了，还从受虐中生出了一种爽感来。以致后来，缺了这种爽感她都很不习惯。比如，她曾觉得自己考上博士很厉害了，想要好好放松一下，睡几天懒觉，刷几天剧。然而还没有睡足两天，她就受不了了。

她觉得自己已经习惯像一根绷紧的弹簧，突然松了，她整个人就脱线了，哪哪都不舒服。于是，她只得重回到她那熟悉的轨道上。曾经的屈辱和怒火早就随着时光的流逝而消失在风中了，剩下的，不过就是培养起来的兴趣和习惯而已。

真正能让人把一件事坚持到最后的，往往靠的不是短暂的激情，而是习惯。把行为变成习惯后，就不再需要刻意为之了。而且习惯这个东西，具有水滴石穿的力量。一件微不足道的日常小事，如果你坚持去做，就能胜过那些艰难的大事。

2

朋友小风在大学的时候曾喜欢一位学长。那位学长各方面条件都很不错，有颜、有钱、有能力，所以呢，也就很任性。

学长知道小风喜欢他，就跑到小风面前对她说："你别傻了，我永远不会喜欢你的。"

小风说，学长那一副冰刀雪剑般的表情，她永远也不会忘记。那种嫌恶中带点耻笑，耻笑中带点冷漠的眼神，她每次想起来，总会觉得不寒而栗。

她常常在觉得自己有颜、有钱、有能力，自己都开始觉得飘飘然的时候，适时地回顾一下学长那冰冷的眼神，霎时心中一紧、毛发一竖，整个人连头发尖都清醒过来。

她说，那眼神像鬼一样盯着她，让她完全不敢松懈半分。

大学时的小风很土、很呆萌，完全不懂穿衣和打扮，最擅长的事是每天早晨吃掉三个大肉包，第二擅长的事是承包整个宿舍饭盒里膘水乱溅的肥肉，第三擅长的事是吃饱了就窝在床上刷剧、打游戏，顺便再嚼点零食。所以，你可以想象小风当时的身材是何等壮观。

她大学开学时拖了满满一口袋高中时穿的衣服过来，打算继续穿上三五年。所以，你也可以想象她的着装是什么风格。

那时我住她下铺，每天都要检查一下她的床板。因为我很怕她压坏床板，深更半夜从天而降把我压死了。

身材壮硕、又土又呆萌的小风，在遭遇学长无情的拒绝之后，决定减少受伤面积。她下定决心开始减肥。为了减肥，她天天去跑步，食量也减少到原来的一半。像网上传说的那样，每一个胖子都是一只潜力股，等小风瘦下来之后，她发现自己形象不过关的原因不仅仅是胖，竟然还有土。

备受打击的小风于是又开始琢磨起服饰搭配、化妆技术。等到她把自己折腾得差不多了，又发现自己不胖也不土了，但在学业上还是很弱。因为学长周围的女生都是学霸，她便又开始折腾起自己的学业。

那时她最大的梦想，就是能够骄傲地站在学长的面前，用他曾经看过她的那种眼神，霸气地看回去。她设想了无数偶像剧的类似桥段之后，却被学业迷住了，她折腾学业上了瘾，觉得学长的魅力和学业比起来简直不值一提。于是，她很快就把学长忘得一干二净，沉浸在知识的海洋中辨不到方向了。

就这样，一个“土肥圆”女生成功地逆袭为美女学霸，现在她在某公司做技术主管，事业顺风顺水，家庭美满幸福。

每当她觉得自己还有那么点春风得意的时候，她总会受虐式地想起那个瞧不起她的学长。用她的话来说：“只要想一想他当初那感情丰富的眼神，我整个人立马头清目明起来。”

你看，这个世界并不是掌握在那些嘲笑者的手中，而恰恰掌握在能够经受住嘲笑与批评仍不断往前走的人们手中。

我们总说，不应该活在别人的审视下，但有时候也正是这些避免不了的审视，让我们产生了正视自己、改变自己的勇气。而精彩地活着，正是对所有恶意最有力的反击。

3

人往往都是很懒的，如果一个平时连水都懒得接一下的人突然一反常态，开始疯了一样去做一件事，变得异常勇敢和勤奋，也许只是因为他受到了某些戳心的刺激而已。

有时，一句戳心的伤害，往往会比五十句充满暖意的安慰，更能让人奋发向上。

他伤害了我，或者我被他伤害了，这真的是一件彻底糟糕的事吗？其实，它只是让我疼痛而已。让我感到痛，也许并不只是坏事。疼痛会让人感觉到危险，你会因警醒而避免或者改变。

以前看过一个没有痛觉神经的小女孩的故事。因为没有痛觉神经，这个小女孩坐在火炉旁烧火，把脚的大拇指整个烤焦了，她都不知道。她自身没有感觉，也没别的人告诉她，所以她对危险一无所知，根本无从避免。

痛其实是一面镜子，我们可以清楚地看见自身的形态。只有看清，才有可能改变；只有愤怒，才让我们下定决心把自己从懒洋洋的舒适状态中驱赶出来；只有危机感，才会让我们狠下心去逼迫自己。

有时候，疼痛和愤怒是一种驱动力。倘若你回顾以前，便会发觉，那些伤害你的人，固然面目可憎，但如果不是因为他们恶意的伤害提醒了你，你也成长不到如今的模样。

人除了自己变强，没人能帮你。

经历过一次别人对你的穷追猛打、试过一次彻底的失败、品尝过一次跌入谷底的滋味，你会看到自己犯过的错和一些做法的不可理喻。

那些可以轻而易举伤害你的，那些一再以痛楚和挫败来试探你的，那些故意引导你走入迷途的，那些削弱你力量的，那些让你痛苦和粉碎自我的人和事，都在促使你成长和强大。

你不必感谢他们，你要感谢的是没有被伤害打败，依然努力向上的自己。

一定要好好生活，努力提升自己，努力挣钱。越是不顺的时候，越要沉得住气，认清形势，看透迷局，放弃幻想，多点作为，付出更多的努力，才能让自己有足够的选择权。

变强大不是意味着要成为一个强势的人，而是变得更加从容。当生活失去掌控的时候，你不再感到紧张、焦虑，而是对自己多了一份笃定，你知道任何事都有解决方法，并且坚信自己一定可以解决。

伤害本身并没有任何正面意义，让它变得有意义的是你的坚强。伤害你的人也从来没想过让你成长，真正让你成长的是你的反思和选择。

18

没有实力的愤怒，只是毫无意义的挣扎

1

没人能绕过职场谈理想和未来，你的前二十年所做的一切，都只不过是为这一段经历做准备。

一年前，有个男生在网上给我发消息，问我还记得他吗？他自称是我离开学校之前教的最后一届学生之一，但是说实话，我教过的学生数量实在太过庞大，除了一些经常接触的、印象比较深刻的之外，有很多都不记得了。

我一边问他最近怎么样，一边在记忆里疯狂搜索对他的印象。

他说，最近很郁闷。

然后他说起了毕业后的一些经历。他三年间换了四五份工作，

每份工作干不了多长时间，就觉得不合适。

我问他为什么。他说这些工作都特别没意思，他觉得干下去也不会有什么发展前途，只得一再跳槽。

他举了个例子，说有份工作是物业方面的，他被公司派到某个小区去当物管，他的工作就是整天坐在那里收水电费，处理业主的各种既无聊又奇葩的请求。有一次一个业主跑过来，要他帮忙找一只狗，而另一个业主则气愤投诉公用卫生间下水道堵塞严重……

他被吵得不得安宁，心想：这样干几年，我可以得到什么技能？难道是花样收取水电费的技能吗？所以干了几个月，他立马跳槽了。

接着他又当起了售楼先生，但因不善言辞，第一个月业绩垫底，被经理点名批评。他相当气愤，认为被侮辱、被伤害了，一怒之下，又跳槽了。

然后他又做了第三份工作，××培训学校的老师，教小朋友玩拼接玩具。干了半年，却因犯了一点小错就被奇葩老板克扣了半个月工资，他气不过，找老板讨要说法。也许是他气势汹汹的架势惹怒了小心眼儿的老板，结果他被扫地出门……说起这些，他不无感叹：都怪我们的学校太差，我毕业后只能做这些底层的工作。

不好的工作经历令他有些厌世了，好在他的家庭条件还不错，这几年虽没赚到什么钱，但他父母心疼他，让他在家里“啃老”。

他不愁吃穿，又觉得那些工作也赚不了几个钱，索性便在家里

“勤劳”地打起了游戏。他玩游戏玩得相当投入，也舍得“吃苦”，从早上八点可以一直玩到凌晨一点。

我问他，这样天天玩游戏，不会腻吗。

他说，玩得久了，他也累，会在一瞬间生出“放弃”的想法，想要重新去找一份工作，或者做点什么有价值的事。可是他很快就认识到了自己的“幼稚”。他说，好的职位都需要高学历的，我们学校那么差，别人怎么可能要我？肯要我的都是那些奇葩、底层工作，没多少工资还一堆要求，自己脾气又不好，自尊心也强，实在忍不下去。

他感慨完毕，只得无可奈何地回到了游戏中。于是，一年过去了，他依然窝在家里游戏人生。

一个人自身坏情绪的总和千万不要超过自己的实力，否则在遇到挫折时，心态就特别容易崩。

2

以前，在“叛逆文学”流行的时候，我读过一些作者的文章。那里面的男女主人公的所作所为都“酷”到了极点，令人不禁羡慕和景仰。

那时常见的桥段是，女主带着一脸孤傲的表情走到大老板面前，愤怒地责问老板，凭什么克扣她的工资。责问完还可以炫酷狂拽地将一封辞职信扔在桌子上，拉开门扬长而去。而猥琐的老板在椅子上目瞪口呆，狼狈不已。

好霸气有没有？于是我们也想要如此霸气。但是我们忘了一个重要的人设：她是女主！什么是女主？女主的含义就是：各种属性、各种能力、各种运气、各种背景都被加持到了满级的人物。

你的能力进度条明明还空着一大半，天然属性各种欠缺，运气差到爆，背景几乎可以忽略不计，却还非要学女主处处“霸气侧漏”，很傻很天真好吗！

就像刚刚毕业的我。那时，我刚去单位报到，没有地方住，只好去住宿舍。我到人事处拿了宿舍单号，就蹦蹦跳跳去踩点了。结果宿舍门一开，我吓了一跳。说好的两人一间呢？两张床明明都被人占了，两个女生就坐在床上充满敌意地看着我，好像我是一个突然闯入的强盗，要抢她们的东西似的。

我拿出人事处的派单表示疑惑，她们相当不屑，说：“我们都已经在这里住很久了，你要住进来，可以啊，那边还有张小床，你睡那儿吧！”

我走过去看了一下。那小床放在角落，又脏又乱就不说了，关键还是坏的，根本没法睡人。于是我理直气壮地去找人事处讨说法，要求人事处出面让那个白住的女孩搬出去。

我认为我的要求合情合理："明明是你们分配我住那儿，却没有床位给我睡，所以你们应该会帮我解决掉这个难题。"

结果人事处主管根本不理我，还说了一句话来雪上加霜："这点小事都不知道怎样搞定，你还吹嘘你能力多强。"

我觉得很委屈，床位被无辜霸占，公司又冷漠无情，要不是生存的压力就摆在我面前，我有 120% 的可能在一气之下当场辞职。

现在才知道，当时我有多幼稚。

就像《后会无期》里说的："小孩子才讲对错，大人只看利弊。"

当时的我，认为自己受了不公平待遇，所以千方百计都要去讨要公平。

在成人的世界里，所谓的公平，是和能力有关的。

你自己成长了，才会有公平。决定给一个人多少公平的是你的实力，没有实力之前，你只有努力。

3

有人说，人活着就得有点脾气。脾气每个人都有，只不过，有些人选择看情况，权衡利弊后再决定是控制还是发泄，而有些人则无论情况如何都肆无忌惮地发泄出来。

问题带来情绪，但情绪不能解决问题。

一个公司老总面对下级总是“霸气侧漏”，而面对更上一级领导，则会彬彬有礼得多。

在所有的平台，你的能力决定了你的位置，而你的位置，决定了别人对你的态度，也决定了别人对你的脾气容忍度。

一个能给周围的人带来很多利益的人，就算偶尔发发脾气，周围的人也宁愿选择忍耐，而不大可能因此就和他翻脸。因为他们知道，离开了这个人，会让他们丧失掉很多利益，太不划算。

成年人的世界，其实每个人都是精算师。

比尔·盖茨说：“在你没有成就以前，切勿过分强调自尊。”

在你能力不够，资历不够，背景几乎没有的情况下，懂得适当低头，接受一些底线之上的“不公平”待遇，也不过是一种利益上的交换而已。

你算计着你可以得到的工资、经验和前途，而你的老板则算计着他的收益。市场的规则是：你情我愿，利益互换，谁也不会去强迫谁。你愿意在我这里工作，我愿意聘用你，只是因为我们双方都觉得此时发生的利益交换很公平。

当然，如果你觉得底线被公司严重侵犯，或觉得交易实在太不公平，你也可以选择拒绝。离开一个严重剥削员工的公司，那也就是在调整市场。

一个人之所以愿意在这个公司工作而不是那个公司，不过是双方利益的博弈刚好到了一个平衡点。

如果你想得到更多的尊重，获得更多的“公平”和更多的利益，就只能打破这个平衡，不断提升自身能力，扩充自身背景。当你的能力不断提升，天平就会不断向你倾斜。

能力强大的人才有资格“霸气侧漏”，因为生活毕竟不是玛丽苏小说。

一个人真正的“脾气”，不是展现给别人看的，而是无论遭遇如何都能在自己心中坚如磐石、永不动摇的。

生活从未自己变轻松，除非你变强大。

19

认真生活，
才能找到生活藏起来的糖果

1

有人说：“生活就像一个坏脾气的陀螺，你不挥鞭子，它就躺在原地瞪着眼；你用力抽打，它反而要满地乱滚。”

以前，我们的老板每次开会的时候，都要重复一句话：“无论你们去哪里工作都是一样的，还不如就老老实实待在我们这里呢。”这句话简直是他的口头禅。

那时我觉得他说得挺有道理的，毕竟在哪个地方工作不是工作，对吧？于是，当加班不发加班工资的时候，我们会听到他重复那句话；当节假日不休却无任何补贴的时候，我们会听到他重复那句话；当不发年终奖的时候，我们也会听到他重复那句话。

他经常给我们讲一些别的公司苛待职员的事例，随即话锋一转，

温暖地揭示出本公司员工被公司天天“优待”的真相，让我们要时刻心怀感恩。

他的第一个经典语录是：你都还没有挣到500万，你凭什么不努力？这句话还有个近义句：你都还没买下一套房，你凭什么不努力？

第二个经典语录是：年轻人就要吃得苦中苦，不然，你都不知道什么是社会！

第三个经典语录是：你们都是独生子女吧？不要以为出了社会还像你们在家里时一样，所有人都要来宠着你、惯着你。

当时，有个和我一起入职的女孩，经常不言不语地坐在一边很认真地听，很认真地工作。

老板叫加班，我们私下都怨声载道，除了她；老板不发加班工资，我们都愤愤不平，除了她；老板给我们洗脑的那些“真理”，她从来都是一脸平静地听，从来不反驳、不抱怨。

老板对她特别满意，常常当着所有人的面夸她，说她对公司业务勤勤恳恳、认真负责，是毫无私心地为公司作贡献，让我们都向她学习。

一年后，这个沉默的“好员工”突然向老板提出了辞职申请。原来她早已做好准备跳槽到另一家规模更大、待遇更好的公司了。

以前每次开会，她都会被老板拿来作正面活教材，但自从跳槽后，她就变成了反面教材。老板常常痛心疾首地说：“有些年轻人自以为外面的世界很精彩，仗着自己有几分小才华，就妄想做出一番大事，别那么天真了。作为过来人，我告诉你们，其实外面的世界远没有你们想象的那么美好，你们太年轻了，没遇到过什么挫折，往往会高估自身能力。这世上没有轻松的工作，有那精力想东想西瞎折腾，还不如好好地待在这里，磨炼一下自己的能力。”

简言之，他认为那个女孩跳槽的原因是既想工作轻松，又想拿高薪。再简言之，是吃不了苦。

但女孩曾私下告诉过我，她之所以跳槽，是因为她在本公司所做的工作发挥不了她的特长，在认认真真干了一年后，她最终明确了自己的方向。当然，待遇也是一方面的原因。

让她感觉非常无奈的是，在这整整一年的时间里，她认认真真地加班，牺牲了自己的很多业余时间，付出了很多的精力，应该是为公司创造了不少收益。但是公司却一再以“年轻人就应该更努力，年轻人就应该多吃点苦，年轻人就应该不注重收入而只注重能力的锻炼”来拒不支付加班工资。她觉得这种做法有失公正。

总而言之，女孩选择跳槽，根本和老板口中的“既想工作轻松，又想拿高薪”没任何关系。

2

总有些人会站在“过来人”的角度告诉你：外面的世界没你想

的那么好，你不要太天真了；别的公司说不定还没我们公司好呢，你不要整天想东想西；男人都是这个样，你另找估计也差不多，还是将就吧，别折腾了……总之，他们的主题是：你就别折腾了，得过且过吧。

这个主题美化一下就是：知足常乐。

我有个同学，曾经和一个渣男谈恋爱。渣男有个兴趣爱好是“撩”。只要是个女的，渣男几乎都可以凑上去撩一撩。同学的室友几乎被他撩了个遍。

这位同学为此大发雷霆了好多次，但是渣男的兴趣爱好却始终纠正不过来，还有升级化的趋势。

终于，这位同学逮到了他“劈腿”一个女生的证据，提出要分手，渣男不干，便收买了她好几个朋友来轮流给她洗脑。面对朋友们“他其他方面都挺好的，你再忍忍”“男人都这样”……论调的洗脑，同学迷惘了、妥协了。

这一妥协，就成了习惯。渣男依旧渣，并且越来越渣，但是同学却始终下不了决心离开他。不仅如此，她还开始到处宣扬起“男人都这样”的论调。

她最后还和男生结了婚，婚后，男生的行为简直达到了令人发指的地步，有时嚣张到直接带其他女人回家。她天天和男生吵，到处诉说自己的痛苦生活，却就是狠不下心和男生离婚。

一个押错了赌注的人，要有收手、离开和及时止损的警觉。

不好的爱情就像烂苹果，它已经烂透了，就不要再削啊、切啊、生气啊、咒骂啊、没完没了和它较劲，腐烂已经深入内部，在肉眼看不到的地方，可能藏着致命毒素。变质的事实是无法逆转的，扔掉就是了。

所有的来不及，都是因为开始得太晚。

3

所谓的知足常乐，其实更多的是指一种心态、欲望方面的“适度”。

一个人，如果欲望太多，想要得到的东西太多，往往就会沦为欲望的奴隶，丧失掉对自身的把控。这样的人，欲望总是处于无法满足的状态，他们看不见自己已经得到的，只能看到还没有到手的东西，也因此活得不快乐。

这个时候，懂得适度地放弃一部分不合理的欲望，珍视自己手中所得，才是真正的“知足常乐”。而“得过且过”则是在自身能力能够达到的前提下，安于现状，不思进取，只满足于可以“过活”的状态，心甘情愿地呆滞，换句话说，就是混吃等死，就是懒。

由此可见，知足常乐和得过且过完全是两个不同的概念。但搞笑的是，为了让你能“得过且过”且心安理得，有的人却拿出“知足常乐”的幌子给你洗脑。

当你在工作中遭遇不公平待遇，想要寻求更好的发展、更好的出路的时候，往往有人会来告诉你要“知足常乐”，让你不要想东想西，老老实实待在原职位，哪怕这个职位你并不喜欢或无法发挥出自身的能力。

一个人要有能力上的突破，离不开付出和辛苦。但即使是一个职场新人，也是来工作，而不仅仅是来接受锻炼的。依据自身的能力，付出相应的劳动，得到该有的报酬，不是最应该的吗？

倘若我认为付出的劳动和薪酬不符，想要寻求更能匹配我能力的岗位和更好的出路，不是很正常的一件事吗？为什么只有老老实实待在原来的地方，哪怕遭受明显的不公平待遇，才是“肯吃苦，有头脑，有远见”的？只要是生活，随处都有可以“锻炼能力”的机会，为什么只有待在原地才是锻炼？

在工作中一步步明确自己的能力特长，发掘并找到自己感兴趣的事，这也是“能力锻炼”啊，而要知道自己喜欢什么，适合什么，除非很早之前就明确了目标，否则只得通过跳槽尝试更多的工作类型才能实现。

明知待在原职位既不能提升我的业务能力，也获取不了合适的薪酬，那么待在原地就是在混吃等死，改变才是在积极寻求发展和出路。

“知足常乐”之所以不被看好，是因为有的人年纪轻轻就把它作为自己人生唯一的答案，真正的“知足常乐”是体验了最好的和最坏的之后，自己选择的一种生活方式，它应该是一种主动的行为之后的选择，而不是被动的必须接受的一个结果。

我们常被一些世俗标准标榜的优秀限制，却忘了在现实面前，我们仍然有讨价还价的权利，而一旦你轻易妥协，人生自然也会轻视你、敷衍你。

4

当你在感情中遭遇渣人，想要逃离时，也总会有人来告诉你要“知足常乐”。他们会说：“在一起这么久了，算了吧，再原谅他一次。”“你条件这么差，谁还肯要你？他不错了，你看看 ×××”……

但实际上，如人饮水，冷暖自知。如果不是自己感觉实在很差，到了忍无可忍的地步，谁愿意轻易结束一段好几年的感情？

对于个人来说，首先搞清楚自身目前的能力水平，对利益的侵犯有个底线，并持续提升自身能力，同时寻求更好的发展，这才是最有前途的人生规划。而对于感情来说，当然就更不能将就了。在一起是为了幸福，而选择分手也是为了幸福。

假如你已经明确知道了自己的需求，你已经看清了自己，却还在继续将就，那这个“将就”就是委屈的。它压抑了你真正的喜好与欲望，所以你越是将就，就越是委屈。

年纪越大，我们的需求与喜好越清晰明朗，时间变得宝贵，所以再也不肯浪费时间去将就，因为我们在之前的历练中知道，所有的将就都是对自己的压抑，都是痛苦而注定不会长久的。

如果你不去尝试做你喜欢的事，如果你不去追求你认为最有意义的东西，你会后悔的。人生的路很长，总有时间去实施备选方案，但不要一开始就退而求其次。

只有不将就的人生，才是把命运掌握在自己手里的人生，才是生龙活虎、充满生命力的人生。因为只有你尊重了自己的意愿，才会找到属于自己的人生。

你对生活不将就，生活也不会对你将就。你的每一次不妥协，都会让你的生活变得更好，至少让你在最好的时光里体会了一次全力以赴。

认真生活，才能找到生活藏起来的糖果。

将就是把对生活的支配权交给命运，是对自己人生的不负责。你一旦开始对自己的人生不再负责，那就不要在以后埋怨被生活欺负得太难受。

20

只要你一直在长大，就一直在走向孤独

1

电视剧《欢乐颂》里安迪的前任男友奇点，经常对安迪说，你要多去社交，多沾染点烟火气。现任男友小包总则从来不对安迪说这句话。奇点之所以会那样说，还是因为他不够了解安迪。没有人会拒绝身边谈得来的朋友，但是前提必然是“谈得来”。而对于高智商的安迪来说，能跟上她思想的人，应该是少之又少了。

强迫这位姐姐去和那些普通人聊肤浅至极的市井话题，还得聊得乐在其中、心花怒放，你不觉得无论对于这位姐姐，还是对于那些普通人，都太过残忍了吗？

这就好比强迫一个高中生和一个小学生交流，还要求双方必须乐在其中。结果只能是，高中生越交流越意兴阑珊，小学生越交流越一头雾

水。高中生觉得对方无聊透顶，小学生觉得对方古怪又做作。

鸡同鸭讲，对双方而言，都是一种痛苦。

人与人之间，看似相同，眼睛鼻子嘴巴都差不多，但实际上差别大了。灵魂完全不在一个频道上的人，凑在一起的话题，除了吃喝玩乐这些生存常识就再无其他。

有些人对此类话题乐在其中，是因为他们的灵魂主题就只有这些，或者他们宁愿自己的灵魂主题就只剩这些。而有些人的主题则不一样，或者不甘心自己的主题就只有那些生存常识。

主题不一致怎么交流呢？无非两条路：要么忍，要么滚。

要么你把自己变得和他们一模一样，这样大家相看两不厌，那你自然是“合群”的、“受欢迎”的；要么你就“滚”，宁愿自娱自乐、孤身一人也不愿“同流”，直到找到与你合拍的人。

很多人在此两难选择下都选择了从众，选择把自己湮没在人群中，湮没掉个性以换取安全感。但有些人却选择了“滚”。选择了“滚”的这类人，他们有自我、懂自己。

人的自我很弱的时候，会很容易受到他人的影响，经常被他人牵着鼻子走。他们很容易被他人的评判、他人的情绪所影响，自我相当不稳定。

而内心强大的人，自我很稳定。他人的评判、他人的情绪，很难影响到他们自身分毫。因为在他们的内心，已经有了一个很稳定的自我评判标准。他们的内核很稳，不大容易受外界影响。

只有拥有稳定而坚固的自我的人，才能清楚地看到自己真正需要的是什么。他们为自己而活，会尊重自我，而不是去盲目迁就他人。所以有时候，他们宁愿孤独也不愿被群体同化和湮没。

我们经常见到那些学霸，常年独来独往，于是很多人酸溜溜地在背后议论纷纷：成绩那么好有什么用？还不是死读书？你看他那么孤僻，都不知道怎么和人交往了。

学霸连那么难的题都搞得定，还学不会普通的人际交往？退一万步，就算他们真的学不会人际交往，单凭智商也能杀出一条血路，完全不需要别人替他们未卜的前途操心。

优秀的人之所以优秀，正是因为他们具有独处的能力。独处不仅仅是一种状态，更是一种选择，而这种选择的背后，就隐藏了太多此类人优于他人的能力。

孤独并不可怕，可怕的是消耗自己的人生，去追寻那些其他人要你追寻的事物。

2

一、独处是一种自觉的选择。

很多人指着学霸“孤单”的背影，觉得他们很可怜，这些人认为，学霸之所以孤单，不过因为他们缺乏和人交往的能力，或被集体排斥。在他们眼里，学霸孤单是不得已的结果。

但其实，大多数拥有独处能力且享受独处的人，往往不是“被迫”独处，而是自觉地选择了独处。

这个选择的主动性，反映出他们至少有两点“优于常人”的能力。

1. 主动选择独处反映出他们的觉察能力强。

觉察能力包括对自我觉察的能力和对他人洞察的能力。正因为他们清楚地知道自己要的是什么，以及对其他人的情况有清晰的洞察，他们才会选择独处。

他们知道，人与人之间虽然需要交流、需要共处，但是，如果一个人为了交流和共处就把自己长时间置身于群体之中，甚至牺牲自己全部的独处时间，实际上对个人来说，不仅没有好处，反而还有坏处。因为群体会对个人产生影响，长时间处于一个群体中的人很难拥有自己的思想，一个人要有“自我”，需要适时和人群保持一定的距离。

勒庞在《乌合之众》里做过一个比喻，他认为群体一旦形成，其中每个成员就变成了组成这个群体的细胞，而一个细胞是不会有自己的大脑、自己的思想的。此时，群体就像一个新生的生物一般，完全支配了个体思想和个体行为，群体意识完全取代了个体意识。

一个被群体意识所支配的个人，有点类似陷入某种催眠状态，会做出一些他在清醒的个人状态下完全无法做出的事。也就是说，群体中的个人，是“去自我”的个人。

为了不被群体支配，始终清醒地拥有自己的思考力，就得在和人群交流之外，保有自己独处的时间，和群体保持适当的距离。

这类人之所以优秀，就是因为他们清楚地知道这一点。同时，他们还可以洞察周围的那些人是怎样的一些人。当他们发现自己是在鸡同鸭讲，他们就会果断中止无趣的谈话，转而寻求其他能给予他们真正“营养”的人和物。如果暂时找不到，那么他们宁愿独处，也不愿和周围的人“同流”。

所以，他们的“孤独”，并不是被别人选择的，而是他们主动选择的结果。

2. 主动选择反映出他们的执行力很强。

这类人一般很讲“效率”。当很多人围在一起拉家常拉得合不拢嘴的时候，他们往往很奇怪地躲在一边，好像“不知道在干什么”。

其实，他们在干一切对自己有益的事。为什么他们不去拉家常？不过因为他们觉得拉家常很浪费时间，又对自己没有任何提高和帮助，也不能给自己带来丝毫享受和趣味。

在这类人的观念里，个人的时间比金钱还重要，他们坚决不允许把时间浪费在没有价值的地方。

他们的时间，一般只会花在两个地方：一是会带给他们“收益”的地方（包括自我提升）；二是会带给他们趣味的地方（精神意义上的自我享受）。

正是因为他们的“吝啬”，导致了他们的执行力超强，下了决心就会立刻去做，一分钟都不愿平白无故地浪费。所以，他们一般都很主动，从不会被动地被人牵着鼻子走。

当然，如果他们突然觉得“拉家常”这种活动中也蕴藏着某些对他们有益的好处，而不是在“浪费时间”时，他们当然也会主动参与到这种活动中去。总之，他们做任何事，都是主动的。

二、独处是勇气的展现。

群体虽然蚕食了个人的思想，但同时也给了个人强大的安全感。

勒庞认为，位于群体中的个人，会莫名有一种“自身强大到突破天际”的意识。而这种“自身很强大”的错觉，是来自群体给予个体的安全感。

被群体驱逐、孤立，对渺小虚弱的个人来说，永远是一件可怕的事。自我越渺小、越虚弱，就越会依赖群体的“关照”，借助别人的力量让自己显得很强大。而那些拥有独处能力的人，之所以优秀，就是因为他们不太需要群体的“关照”，也不大惧怕被群体所孤立、所驱逐。

因为他们已经强大到完全有能力自己“关照”自己，他们的内心有稳定的自我评价体系，不会轻易受到外界众人的影响。

一个人自身拥有的东西越多，求之于他人的就会越少；一个内在已经很丰富的人，他人能够给予他的东西也就越少；一个人的内在自我越稳固，他人的评判对他的影响就越小。

但无论何时何地，被数量众多的群体以异样的眼光孤立和排斥，对于个人来说，都不会是快乐的。从这个方面来说，这类人不仅有丰富强大而稳定的自我，还有着坚持自我、与众相抗的勇气。光是这一点，已经决定了他们优于常人。

三、独处有利于清醒思考。

宁愿独处也不愿从众的人，是很宠爱自己的人，是尊重自己的人。他们不愿放低自我，不愿随波逐流，不愿以世俗为准。

他们接触世俗，却又在精神上清醒于世俗之外，用冷静的目光看着世间一切过往。所谓旁观者清，这些善于独处的人就是旁观者。

他们一边看一边思考，因为不从属于任何群体，不会被群体的思想蚕食，所以他们不会轻易盲从任何人，思考问题清醒而透彻。

人云亦云是对思考力的一大抹杀。武侠小说里常有闭关的做法：

要成为高人，总需要闭关。在一定的时间里离开众人，孤独思考，自我体悟，才能豁然开朗，看清一切问题的本源。

只有善于思考，清醒而不盲从的人，才有可能变得更加优秀。

一个人真正的安全感，从来不是依靠任何一个群体赏赐的，而是源自这个人内心深处强大的自我。

3

只要你一直在长大，就一直在走向孤独。不难理解，如果不拿出大量时间来精进和提升自己，你很难进入优秀的行列。所以，越是优秀的人，往往越是孤独的。

叔本华说："要么庸俗，要么孤独。"

人生就是一个选择题，只是很多普通人，在群体的强大压力下，都"不得不"选择"庸俗"，认为只有"庸俗"才能换取"安全"。

但实际上，真正的安全感，永远是自己给自己的。

优秀的人从本质上来说，都是极其尊重自己、爱自己的人。因为只有足够地爱自己、尊重自己了，才会千方百计想要把自己变得更加优秀，想要让自己生活得更好、更舒适、更幸福、更自由，而不是更委屈、更愤怒、更不甘、更不自由。

而独处，就是一个人对自己的极致宠爱。

一个人看电影、吃快餐、喝咖啡、吃火锅，甚至自己去做手术，都不算是孤独，只能说明一个人过得很好。

莱蒙托夫有首诗这样写道：“一只船孤独地航行在海上，它既不寻求幸福，也不逃避幸福，它只是向前航行，底下是沉静碧蓝的大海，而头顶是金色的太阳，将要直面的，与已成过往的，较之深埋于它内心的，皆为微沫。”

21

欲望将会让你
对人生诸事生出兴趣

1

有位读者问我：“清蓝姐，我大学快毕业了，但感觉很迷惘，我对很多事都提不起兴趣，什么都不想做，因为总觉得做什么都没有意义，感觉自己好颓废啊！我该怎么办？”

好吧，我得承认，不管我多么想扮演乐观的答疑人，不管我多么想给这位读者注射点“鸡血”，让他可以立刻跳起来甚至飞起来，这个问题还是给了我迎头一棒，因为我自己就曾多次陷入和这个读者类似的状况中。

十几岁的人总是不清楚自己要什么，二三十岁的人有了自己的想法，知道如何去追，但生活中却多了很多羁绊和犹豫。

比如，几年前我写网络小说，写着写着我就开始胡思乱想。我会想：写这些到底有什么意义？天天霸道总裁爱上我，总裁哥哥们是流水线上批量生产的，还是充话费送的？不符合逻辑，不符合常理。我一边写着，一边在心里各种嫌弃。

写到某些冲突强烈却又激动人心的地方时，刚开始我还真的挺激动，写了很多次后，我就完全麻木了。我会很厌恶，觉得这样的写法除了可以赚到一点钱，还能给我带来什么？

于是，我进入到这样一种状态，开始觉得自己的所作所为没有意义，也因此很快失去了兴致。我一直认为钱是很重要的，并一再以此作为激励自己行动的目标。但是，我现在却发现，或许我不像自己想象的那样喜欢钱。

当一个人对什么都提不起兴致的时候，他缺乏的其实是动力。

动力是一切力量的来源。当一个人不想做某些事，那只是因为他认为，就算他去做了这些事，也得不到他内心真正想要的东西。既然得不到真正想要的东西，那他何必去做呢？这时，这些事对他而言，就是无意义的。

一切动力都是建立在欲望的基础上。只有先有想要得到的强烈欲望，才会有促使自己积极主动去行动的强大动力。欲望越强，产生的动力也就越强，人也就越积极主动。反过来，一个没什么欲望，近乎无欲无求的人，没有他内心超级渴望得到的东西，自然也就不会有什么强大的动力去铁了心做一件事。

所以，你想要让自己积极主动起来，你就得先发掘出自己真正的欲望。

2

一个人如果总缺乏欲望，一般只有三种情况。

一、这个人并不缺乏他真正想要的东西。

假如一个人想要的东西是钱，但是他手里已经不缺乏他想要的钱了，那么他就很可能会缺乏动力。

为了强化动力，他就得把自己的胃口撑得更大：比如想要更多的钱。只有这样，他才不会满足于现状，而是以欲望驱动自己继续积极行动。

所以，如果你想要更积极一点，避免自己陷入“什么都不想做”的状态，你就得一个阶段一个阶段合理地撑大自己的欲求，让你随时都处于“吃不饱”的状态。因为你一旦感觉“吃饱了”，那也代表你满足了。人一旦满足，就会停止行动。

动物是没有贪欲的，它要的就是它眼下需要的。只有人才有贪欲，知道把多余的或者暂时不需要的东西也储存、占有起来。

从某种意义上说，“贪婪”也是一个人得以飞速进步的本源，这也是人比动物高明的地方。因此，你想要自己变得更积极主动，那你就得更“贪婪”。

二、这个人还不知道他真正想要的东西是什么。

每个人其实都有“贪欲”。倘若你觉得自己“无欲无求”，那也只是在某件或某些东西上“无欲无求”。换句话说，是你还没有找到或者发现自己真正想要的东西是什么。

有一个误区是，我们常常会自以为是地“以为”自己想要的是什么。但这个“想要的东西”更有可能是别人想要我们得到的东西，或者是基于某种普遍的价值观，我们自然而然认为自己想要得到的东西。

如果你的父母想要你成为一名医生，但你却还不知道自己真正想要的是什么。这个时候，你很有可能就会把医生当成你的职业目标，以为自己追求的也是这个目标。

但不知为什么，你在学校学习医生的课程却总是提不起劲，也没有热情，对毕业后的工作和职业发展也毫不关注。这个时候，你就是缺乏动力的。

你以为的欲求，其实只是你父母的欲求。人是很自私的，对待别人的欲望，当然就没有那么上心。所以你会迷惘，会觉得缺乏动力，会在做事时表现得懒洋洋的。但你不知道哪里出了问题。

再比如说钱。人人都爱钱，是因为钱可以买到很多东西。为了钱而奋斗，义正词严，人人都有权利让自己生活得更好。钱是一切的基本，人人都需要钱，但需要就是想要吗？你心里有没有比钱更重要的东西？

只有找到自己内心真正想要的东西，才不会觉得做什么都“没有意义”。对一个人来说，最有意义的事，其实很简单，不过就是满足他自己而已。

三、这个人认为无论自己怎么努力也得不到想要的东西。

一个人不够自信也会缺乏动力。虽然知道自己想要什么，但因为种种原因，瞻前顾后，想法悲观，甚至太看重所谓的“现实”，太看重所谓的环境，认为能力达不到，认为环境很恶劣，认为没有天时地利人和，也会造成动力缺乏。

这个时候，就要坚信自己一定能够做到。环境充其量只是个布景，能力充其量也只是个设定，勇气才是最重要的，义无反顾才是你握在手里的制胜法宝。

“想要”不是什么丢脸的事，只要你明白，既然有极度渴望成功的野心，就要有付出非凡代价的决心，那么你的“想要”就是合情合理的。

你可以有野心、可以有欲望、可以想要过得更好，一个人不会因有野心而不美，尤其如果站得直、行得正，你完全可以理直气壮。

3

如果一个人对什么都提不起兴趣，那么就得强化自己的欲望。找到自己真正渴望的是什么，以此来刺激自己不断行动，并坚信自己一定能做到。

如果你在行动中发自内心觉得自己的所作所为没有意义，那么，不是它们真的没有意义，只是它们对你来说没有意义。如果你不能彻底说服自己，把它们变成你内心真正的动力，找到它们的意义，就不要勉强自己坚持做下去了。

这个时候，放弃是英明之举，因为它们并不是你真正想要的，而只是你以为自己想要的而已。就像你喜欢草莓，但现在只能买到香蕉，考虑到香蕉有助于消化，你还是买了它，但你知道那不是自己想要的味道。所以想要就会很单纯，不想要就会权衡利弊。

倘若你对每件事都提不起兴趣，那不是因为你真的对什么都没兴趣，而很可能只是因为你还没有找到或者没有发现你真正想要的东西是什么。

如果是这种情况，怎么办？什么也不做，就躺在床上等想要的东西从天而降吗？那你可能躺一辈子它都不会掉下来。

当一个人感觉对很多事都没有兴趣的时候，不妨在行动中去多尝试几件事。因为感觉是感觉，行动是行动。一件事，你在没具体做之前，是永远不知道做的时候会有什么样的感觉的，你之前对它所有的感觉，只不过源于你的想象，而想象不等于事实。

只有真正去做了这件事，我们才能知道自己到底喜不喜欢它。

一个人不可能一出生就知道自己真正想要的是什么，我们只有经过无数次尝试，才能最终知道自己真正不想要的是什么。当你知道越多你不想要的是什么，你不能忍受的是什么，那你也就越接近你的答案——你真正想要的是什么。

没有那种一生下来就能清楚地知道自己目标的人，每个人都是经过无数次尝试、无数次体会，才在不断修正方向中搞清楚自己最终的方向。

从这个意义上来说，人生不迷惘、不颓废几次，真的是太不正常了。

最爽的人生，无非如此：喜欢的东西买得起，想要的东西要得起；身上的才华，撑得起自己的野心；自己的本事也配得上内心的欲望。

欲望是与生俱来的，过度压抑内心的欲望，让自己沦为没有爱好、没有兴趣，甚至没有一点点自由的“工具人”，一定是可悲的。

22

在不幸的源头，总有一桩意外

1

你不知道土豆和饺子哪个先来，就像你不知道哪块云彩带着雨。

小时候，有一回我妈告诉我，晚餐会有我最喜欢的红烧土豆，让我下午出去玩的时候不要吃任何零食。她告诉我，只有空出了肚子，我才能吃更多的土豆。我听后口水都要流出来了，下定决心什么零食都不吃，然后就蹦蹦跳跳地去玩了。

在街上我遇到了一个发小，她很大方地要请我吃饺子。她把我带到了一家专门卖饺子的小饭馆，指着锅里热气腾腾的饺子说："这家的饺子你吃过吗？味道挺不错的！"

虽然饺子并不是我的最爱，虽然明知肚子被填饱了就吃不下土豆，但我还是无法抗拒那近在咫尺、热气蒸腾的饺子的诱惑，和发小一起吃了饺子。

结果可想而知，肚子被饺子撑满后，我再也吃不下土豆了。晚饭时，看着满桌的最爱却无法下咽的我，简直后悔得要死。只是，后悔归后悔，肚子被填满已经是事实。所以我只能眼巴巴地看着最爱的土豆被人吃掉，除了后悔和心疼，无能为力。

那么问题来了：为什么明明更想吃土豆的我，却鬼使神差地吃了饺子？如果这两样东西同时摆在我面前，我一定会毫不犹豫地选择土豆，因为它是我的最爱。

但事的复杂性就在于它们没有同时出现，而是有了微妙的先后顺序。和晚饭时间才能吃到的土豆相比，饺子是一种近在眼前的、美味绝伦的、更直接的诱惑。这种诱惑也许根本不能和最爱相提并论，但在最爱缺位时，它却让人无法忽视它的存在。

它并非我一直以来心心念念的渴求，也从不存在于我的任何预期，它甚至只是一种意外、一种偶然。但令人震惊的是，这种由意外和偶然所激起的转瞬即逝的临时欲望，却往往鬼使神差地支配了一个人的人生，让他不知不觉脱离了原先的预期与计划，最终与最爱擦肩而过，甚至改变了一个人的人生，让他走上一条完全不同的道路。

这世间有太多意外难以预料，个人的命运，那些朦胧的爱情和理想在生活的洪流中，要如何辨认出方向？

2

在你过去的人生中，有过多少次曾被某个“意外”所支配？

曾经有位男同事，从大学开始就很喜欢一个女生，将其奉为女神。只是女神性格比较高冷，他不敢贸然行动，只能默默关心。其间他也或明或暗地表白过几次，但女神似乎没有什么反应，既没表示拒绝也没表示接受，身边也一直没有出现其他更为亲密的男性朋友，他摸不透对方想法，就更不敢轻举妄动。

两个人的关系就一直以“同学”“朋友”的身份，不明不白地继续了下去。后来，公司里一个新来的女孩喜欢上了这个男同事，开始频频主动出击。男同事便想，不如借此机会刺激一下一直以来淡定相处的女神。

他对女孩主动的邀约并不拒绝，还假装对女孩表现出热情、友好、很有兴趣的样子。在和女孩的接触中，他发现这个女孩其实也挺不错，性格简单、直爽，也开得起玩笑，不像女神那么高深莫测、阴晴不定。

但是，就像我认为味道再好的饺子也比不上土豆一样，男同事心里对女神依然是念念不忘的。女神的一句话，往往就可以让他忘乎所以；女神小小的一个态度转变，就可以让他兴奋半天。

他的“刺激”战术似乎对女神颇有成效，他甚至明显感觉到女神开始不淡定了。但这边单纯的女孩却当了真，一厢情愿地在他身上投入了很多感情。

男同事这才感觉不妙。一边是最爱的女神，另一边是触手可及、近在咫尺的诱惑。就在他看到等待多年的曙光快要出现时，在一个迷离的夜晚，他却没能抵抗住那近在咫尺的诱惑。

这位男同事就像多年前鬼使神差吃下了饺子的我一样，鬼使神差地最终和女孩结了婚。至于女神，则成了他心中永远的遗憾，最终只能眼睁睁看着她擦肩而过。

人的一生，不可能时时都是岁月静好的模样，事事顺意只是人们美好的希冀。生活突如其来的意外远比从天而降的惊喜要多得多。

3

高中时，我曾加入过一个画社，是一群画画爱好者组成的社团。其中有个小姐姐，高高的，常年冰山脸，她的画画得很好，看人都是用眼尾的那种。

她会时不时甩一句话出来，比如："我这辈子，注定只能四海为家，靠画画维生了。"

在不愁衣食住行的高中生眼里，这句话简直酷到没朋友。是的，我不要脸地说一句，她这句话当时深深地触到了我的灵魂，以致后来很长一段时间我都有一种错觉，认为当个流浪画家就是我人生最大的理想。

有一次，我充满崇拜之情地问起她未来的打算。

她气场强大地说，她要去考中央美院，以后即使不能做个纯画家，也可以做个插画师，四处旅行，走走停停。后来，她没考上中央美院，但是去读了四川美院。

毕业后她没有四海为家，而是进了事业单位，每天朝九晚五，做着和画画完全不相干的工作。

我曾惊奇地在网上问过她："为什么你美院毕业，却去做了公务员？"

她说："当时家人怕我真的要去做个专业画家，就联合起来给我洗脑，让我去考公务员。我受不了他们的唠叨，另一方面也确实有经济压力，就想着去试试，反正也考不上。没想到竟然被录取了，索性先做几年，等有点存款和工作经验再说，哪知这一做就做了这么久。"

我问："那你现在还想继续画画吗？"

她发过来一个笑哭的表情："我一直想的啊，但是已经不知不觉偏离轨道太远了，怕是扳都扳不回来了。"

4

亦舒曾说过："我提着一个袋子，边走边拾。一路上拾起无数我不想要的东西。当我遇到我真正想要的东西之时，袋子已经装满了。"

我们的生活始终不会如公式一般理想化，每天都会有无数的意外在我们的身边乍然出现，它们就像一颗颗大大小小的珍珠，虽然不是你理想中的那一颗，但也能给你一瞬间的痴迷，带给你一瞬间不大不小的诱惑。你会觉得就算接受这么一点点诱惑，也对自己的人生产生不了什么大的影响。事实并非如此。

很多时候，我们的人生之所以并不符合我们最初的预想，就是因为被身边出现的很多"意外"支配了。每一个意外背后，都藏着一条绵远而幽深的道路，与你现在所行的道路截然相反，甚至背道而驰，但你在最初丝毫不会察觉。

等你察觉时，已是许久之后，为时已晚。你会发现你现行的道路已经不知在何时无法回头，而你想要的最初的道路却早已迷失在远方，再无踪迹可寻。

很多时候，不是我们在选择道路，而是道路在选择我们，我们只是被动地被道路推着往前，就像传送带上的货物，在不知不觉中，已经丧失了一切主动权。

如果你想要把控制权牢牢掌控在自己手里，如果你想要不忘初心，那你就得谨慎对待生命中出现的每一个“意外”，看清那些唾手可得的“诱惑”背后隐藏着的究竟是什么。毕竟，鱼与熊掌不可兼得。

在你前行的路上，总会有琳琅满目的诱惑，你若做不到视而不见，迟早会被它们迷花了眼，在不知不觉中失掉了方向，丢掉了初心。

意外之所以被称为意外，是因为无论如何都无法避免，所以应对意外最有效的手段，无非就是内心坚定。

当你拿着口袋在找寻的时候，其实是两种能力的博弈，一种是放入，一种则是放弃。

不懂得放弃的人，必然会误入歧途，走的是自己并不想要的道路，拾的是一口袋并不想要的石头，待要回首，却已是惘然；只有懂得拒绝与放弃，才不会让自己陷入身不由己，陷入错失与后悔，陷入迷失与无助。

正如作家让·鲍德里亚所说：“在不幸的源头，总有一桩意外。在幸福的源头，总有一桩巧合。”

23

内心真正富足的人，从不炫耀拥有的一切

1

表妹曾给我讲过她公司里两个女孩的故事。

她公司里有小艾和小晨两个女孩，两人的工资收入相差不大。但是小艾似乎从来不缺钱，买的化妆品、衣服等都是上档次的品牌，眼界开、阅历广，世界各地的风土人情她几乎都能信手拈来。

小晨就不一样了，她来自普通乡镇，父母只是做小生意的，家境很一般。化妆品、衣服等她都不敢买太过昂贵的品牌，用的不过是大众牌子。她至今未出过国，就是国内的各地，她去得也不多。

小晨自觉和小艾不是一个世界的人，于是刻意和小艾保持一定距离。但小艾却很“热情”，每次她去逛高级品牌店，必定要拉小晨一起。当小艾看到小晨看着某个价格标签一脸不安的时候，她会故

意怂恿小晨将其买下来。小晨只得尴尬地表示钱包很为难。

这时，小艾就轻轻一笑，云淡风轻地将那些东西收入囊中。末了还不忘调侃小晨一番："其实这种也不贵，护肤效果挺好的，你干吗要这么委屈自己？"

小晨自嘲很穷，表示想去某平价商店，小艾一脸嫌弃："你用那样的东西就不怕把脸糟蹋坏？天哪，反正我是用不来。"小晨很郁闷，决定不再和小艾逛街了。

但小艾似乎对她"情有独钟"，时不时就过来和她聊聊天，话题一般是："你知道 ×× 品牌吗？""你知道比利时吗？""你去过澳大利亚吗？"……

小晨表示一概不知，小艾就当着所有人的面一副"天哪，你连这个都不知道，你真可怜"的表情。小晨觉得很尴尬、很恼火，但对小艾这种"貌似友好"的行为，她觉得就连争辩都无从辩起，只得默默忍受。

要承认，人与人之间的确是存在差异性的。

你可能就是不如某人漂亮，就是不如某人聪明，也没有某人那样良好的出身，这是客观事实，但这些差异性并不代表你真的"比不上"某人或你真的比某人要"差"。

人与人之间存在差异性，但并不存在优越性。所谓的优越性，不过是自作聪明的人强加给自己的幻觉。

真正的追求优越性，是指自己不断地朝前迈进，而不是比别人高出一等的故意炫耀。

2

前同事小董最近离婚了，原因是男方出轨。小董很伤心，低调地和前夫办妥了离婚手续，在朋友圈里发了一条动态。

不久后，她的一个朋友孟特地跑来安慰她。孟劝她别伤心了，旧的不去新的不来。刚开始小董还感觉挺安慰的，后来就觉得不对劲儿了。孟说了那句安慰的话之后，就不停询问她离婚的细节，比如，她是什么时候发现前夫出轨的，小三是谁，她发现后是怎么和前夫闹的……为了满足孟的好奇心，小董不得不把疮疤一次次揭开来仔细看，仔细描述。

这已经让她很难受了，更要命的是，孟每每听小董说了某些细节之后，就开始大发感叹，转而描述起她和她老公现在是多么恩爱，她老公是如何疼爱她，绝对不可能做出这些人渣之举。

最后，在小董的“不幸”经历映衬下，觉得自己无比幸福的孟，用饱含同情的目光再次深深“安慰”了小董一遍，就满足地从她面前消失了。

不久之后，小董从别的朋友那里听见了她曾描述给孟的所有细节。

在后来的朋友聚会上，孟总会不负众望地一次次提起小董曾遭遇的“不幸”，感叹一番后又适时提起自己和老公的种种甜蜜，最后再虚情假意地“安慰”小董一番。完全是将自己的快乐，以“关心”的面貌，建立在别人的痛苦上。

3

自卑和自大，永远都是驱动人内心成魔的原因。

生活中有一种人，他们的快乐似乎完全建立在“贬低别人，抬高自己”上面。

他们会抓住一切机会，拿自己某方面的优越去和在同一方面明显不如自己的人相比，然后在这种比较中取得优越感。

如果没有这种机会呢？那是不可能的。因为就算没有这种机会，他们也要不遗余力地寻找机会，甚至是创造机会。在踩别人抬自己以寻求自我优越感这条道路上，这类人具有异常强大的能动性。而且他们往往很狡猾。他们的贬低和撒盐，往往都是在“关心”的面貌下恶毒地加以实施的。

如果你斥责或表示不悦，他们不仅不会承认，反而会摆出一种“无辜”的面孔来反咬你一口。比如，他们会义正词严地说：“我只是关心你而已！哎呀，你这人心胸怎么这么狭小？你怎么开不起玩笑？”“天哪，你怎么会有这样的想法？我关心你难道还错了吗？”

一边打着温情脉脉的“关心”旗号，一边却毫不留情地踩了你一脚又一脚。这样的行为实施起来，真的是一点风险都没有呢。于是这类人常常乐此不疲。

那么，他们的这种心理究竟是怎么形成的呢？

从本质上来讲，这类人的内心深处是超级自卑的。正因为超级自卑，才需要不断“踩别人、抬自己”以获取自信。

优越感只不过是自卑感以倒立的姿态走路。

之所以走此“歪门邪道”，是因为他们无法通过别的正当途径来获取任何自信。对于这样的人来说，别人过得越凄惨、越倒霉、越在某方面貌似不如自己，他们就感觉越嗨、越兴奋、越幸福。

没能力掌控好自己人生的人，总妄想通过掌控别人的人生找到自己的优越感。

他们极其卑微，他们的幸福感只依赖于他人的不幸遭遇。他们自己本身却毫无能力给予自身任何自信和任何幸福感。

4

其实，在这个世界上，每个人都不相同，每个人都有自己独特的背景、独特的能力、独特的面貌、独特的身材、独特的阅历、独特的眼界……任何人都没有权利，也没有资格去任意地取笑，甚至贬低某一个“貌似”不如自己的人。

因为人是一个多面体，你看见的、你了解的又有多少？你又怎能知道他隐藏起来的部分深浅几何？

心怀敬畏才能真正无畏，那些最喜欢在别人伤口上撒盐的人，那些哪壶不开就偏要去提哪壶的人，他们的内心，其实渺小得如同仓鼠。以为刺伤别人才会显得自己强大，这是弱者的思维。

惯于贬低别人以抬高自己的人，可能还沾沾自喜，以为是赚到了便宜，但实际上，这样幼稚的行为，除了暴露出你的自私、狭隘、自卑和弱小外，还能让人看见你什么？

如果所有的优越感都不是来自容貌、身材、知识、家庭、财富、地位、成就和权力，那么它只来自缺见识和缺怜悯。

想要生活柔软，那就撒点理解的酵母。尊重自己的最好方式，是接纳不同，而不是铲除异己。

真正的高贵，是能站在对方的角度，体恤和包容他人；真正的强者，从来不显山露水，而是低调又充满涵养。

他们永远不会通过贬低任何人来建立自信，是因为知道这世间没有任何东西，是应该瞧不起和嘲笑的。在高山的另一边，永远隐藏着另一座更高的山峰。站在面前的这个人，也可能有深不可测的另一面。

你可以永远不喜欢别人喜欢的东西，但请允许它的存在；你可以继续讨厌自己讨厌的东西，但请允许别人对它的喜欢。

既要允许别人和自己不一样，也要允许自己和别人不一样。

理解了前半句，你就能做到包容；理解了后半句，你就会活出自我。

24

我们亲密，但不无间

1

人和人之间的相处，是一门艺术。我们总以为走得越近，就越会加深彼此的情谊、拉近彼此的关系。可是失去其中的尺和度，就容易造成社交的祸患和灾难。

我的朋友小苒最近很烦恼。她刚到一个新的公司，出于习惯，她还是像以往一样每天都化一点淡妆，穿精致得体的衣服，并喷一点让自己变得优雅的香水，长发也打理得整整齐齐。

她认为把自己收拾得整洁和好看是对他人的一种礼貌，也是对自己的尊重，所以她随身带着补妆的用品，在上洗手间的时候也不忘顺手拿出来补补妆，让自己随时看起来都是最好的状态。

但每次总有人一脸奇异地盯着她的脸使劲看，看完了还不忘说一句："哟，你今天化妆了啊？"或是在她吃完午餐在洗手间补妆的时候投过来怪异的一瞥："你还补妆啊？至于吗？"再或是什么话也不说，就盯着她看，从头到脚地打量她，眼神里内容丰富。

每次遭遇别人这样的"问候"和"关切"，小苒都会觉得很尴尬，很不自在。那种感觉，就好像被人扒住衣服使劲往里看，想要搞清楚她究竟有没有洗澡一样，是一种被侵犯的感觉。

但要她放弃化妆，她又受不了自己邋里邋遢的样子。她就喜欢天天把自己打扮得美美的，这样她的心情会好很多。

有一次午间，另一个部门有个仪表堂堂的男同事到她们部门来讨论事，小苒对这位男同事隐约有点好感，内心有点小激动。

大家刚围坐在一起准备讨论的时候，一个平时关系还不错的女同事小吴，从小苒面前经过，突然说道："你皮肤看起来好白啊，刚才去洗手间补了妆吧？"她这句话说得特别响亮，众人的眼光一下子就齐刷刷地落在小苒的脸上，包括那位男同事。

小苒顿觉所有人都在仔细研究她的脸，有一种脱光了衣服被众人围观的感觉，让她又尴尬又羞耻。而那位女同事小吴还在继续"心直口快"地说："化了妆真的显得好看很多，我就是懒，你技术怎么这么好……"

小苒越听越气愤，很想"怼"这个"不知趣"的女同事一句，又觉得无从"怼"起，只好强忍下了这口气。

但从此，小苒对小吴再无好感，两人也渐渐疏远了。

后来有一次，小吴因为工作需要，不得不求助小苒关于 PPT 方面的一些问题。小苒本来性格挺好，也挺热心，但是面对小吴的求助，她冷淡地拒绝了。

小吴只好另寻他人求助，但像小苒那么精通的人不多，结果她花了很多的时间，下了很大的功夫，最终的效果却依然令领导不太满意。

小吴事后还挺纳闷：为什么小苒偏偏要拒绝我？

小吴就是一个典型的不懂界限的人。别人化妆与否是别人的私事，你当众曝光别人的私事，无异于当众扒光别人，别人不恼怒才怪呢。

人际关系的痛苦，大多数是刺猬式的痛苦，因为突破界限、过于靠近而彼此伤害。

2

我们在生活中，经常会遇到一些不懂界限的人。他们的一个特点，就是自认为和你很熟了，可以毫无顾忌地谈论你的隐私，甚至有时不仅仅是谈论，而是干涉。

他们的口舌之快根本不需要尺度和分寸，就像池塘里的蛙鸣，你不知道缘由。

比如，我有一个同学简是出了名的“热心肠”。她热心到什么程度呢？只要是被她纳入了“朋友”范畴的人，他们的大小私事，她不仅要一一过问，而且还企图横加干涉。

我们的共同朋友美亚认识了一个男生，在闲谈时透露了她对男生的感觉，她觉得男生很不错，想要和他进一步发展。其实，光看美亚一脸热恋表情也知道，她恐怕早就和男生“进一步发展”了。

但是简出来发言了，她一脸忧心地对美亚说：“你还是经历太少，我一看那男的就觉得他不可靠，你别天真了，他不是好人选。”

美亚听后很不高兴，就“怼”了句：“哦，就你什么都知道。”

简继续说：“你傻，不了解男人，我是怕你被骗，你听我的，保管没错。”

美亚忍无可忍，和简翻脸了。简觉得自己很无辜、很委屈：“你说说，她居然就为这个和我翻脸？我还不是为了她好！”她觉得是美亚不可理喻，而自己却是个处处为别人着想的大好人。

简真的很好吗？实际上，她犯了人与人交往中的一个大忌，模糊了人与人之间的界限。换句话说，她就是管得太宽了，连别人的私事也管进去了。

美亚作为一个成年人，有权利也有资格去挑选自己的男友，男友是好是坏，她自己的眼睛会分辨。即使你要给她意见，也要说得委婉一点，并且要明白这一点：决定权一直并且始终掌握在美亚自己手中。这是对一个人起码的尊重。

如果你认为她不听你的就是蠢，必须让她听你的，那你的所作所为实际上已经超越了界限，闯入了对方的领地，你已经冒犯她了。

很多人也许不会去贸然冒犯一个陌生人，却经常会冒犯和自己有亲密关系的人。越熟悉，相互之间往往越没有界限意识。

我们经常会听到朋友们对我们的外貌、身材、能力，以及各种隐私肆无忌惮地谈论甚至取笑，也经常会得到一些朋友对我们自己的私事“善意”的指导。

但实际上，没有人会喜欢自己的隐私被人拿来在大庭广众下谈论，也没有人会喜欢自己的外貌、身材、能力等被人肆意评价，更不喜欢所作所为被其他人牵着鼻子走。

每个人都是独立的个体，应该被尊重，但在我们的习惯里，似乎要和别人建立亲密关系就得舍弃被尊重。甚至很多人为了显示自己很随和、很好相处，就总是对其他人做出一些模糊界限的事。

比如，在大庭广众下大而化之地问：“你今天化妆了吧？”“你和男朋友分手了吧？”“你被老板训了啊？”他们以为这只是普通的关心和问候，然而带给对方的却是尴尬，甚至还有恼怒。

这种界限模糊的“问候”给人虱子般的苦恼，不会致命，但总让人浑身不舒服。

3

人际交往中，当你把别人的私事当成自己的事来谈论和干涉时，你就已经模糊了和别人间的界限，从而冒犯了别人。

尼采说：“无需时刻保持敏感，迟钝有时即为美德。即使看透了对方的某种行为和想法的动机，也需装出一副迟钝的样子。尽量从善意的角度去诠释语言，保持比对方迟钝的感觉，这是社交的诀窍，也是对人的怜悯。”

不懂界限的人看似只是给别人带去了无穷的烦恼，对自己没什么影响，但实际上，最终吃亏的还是他自己。就像那位同事小吴，始终不知道自己怎么得罪了小苒。

所谓深交，不是如胶似漆，而是尊重边界。

聪明的人会知道，有些事，就算你知道，也根本无须当众说破。你之所以什么事都张嘴就说，就是因为你不明白什么是界限、什么是尊重。你以为只是说出了一个事实，实际上却是冒犯了别人的隐私。

归根结底，还是因为你没有站在对方立场上替他着想。你不喜欢自己的私事被别人谈论，自己的妆容被别人评价，那别人就喜欢吗？

一个人的长相、妆容、穿着、身材、能力、恋爱经历、情感生活、人生选择、道德思想……都是属于个人的事，你应该尊重和接受，不应该企图强加干涉，也不应该干涉。这才是对一个人最起码的尊重。哪怕你们的关系再好再亲密，也应该如此，更何况是交情普通的人。

只有尊重别人的人，才会得到别人的尊重。而越是亲密的关系，越是需要界限感的维护。

25

把时间浪费在美好的事物上，才能遇见更好的自己

1

时间是公平的，每天都是二十四小时，差别只是珍惜与否。

我的一个读者小水很喜欢丰富多彩的生活，所以在工作外的业余时间，她也安排得井井有条。

她每天下班后都要去健身中心锻炼，另外她还报了两个业余班，参加了兴趣小组。周末她经常去参加一些同城线下活动，要不就去听讲座、参加阅读会，或者和朋友一起骑行。

每周她要看一本书，写两三篇随记。每天的时间几乎都被安排得满满的。

后来，一个亲戚的孩子也考到她所在的城市上大学。她很快接到了爸妈的电话，叫她这个做姐姐的，务必去火车站接一下她

表弟。

她爸妈很体贴地说："特地选在周末，不会耽搁你工作的。"

小水其实已经定好周末去听一个传媒界大师的讲座，票都已经买了，但爸妈既然说了，毕竟也是亲戚，她只得临时改变计划，去火车站接了表弟，再将他送到大学。

本来以为之后也没她什么事了，表弟毕竟这么大了，入学之后就该有自己的生活。哪里知道自从表弟来了之后，她就几乎没有清静过。

表弟几乎每个周末都要跑到她家来玩，表弟一来，她就无法再自由安排周末生活。她得给表弟做饭，或者带他去吃饭，得费心思带表弟去各个地方游玩，让表弟玩得高兴。有时候她表弟还带一些同学来她家，那她就得费更多的心思请他们吃饭，给他们当导游。

她爸妈甚至要求她把自家钥匙给表弟一把，这样表弟随时都可以来她家，会更方便。

以前小水在家里可以随随便便穿件睡衣到处晃，但现在表弟经常出没，她只得在家里也穿得得体，感觉不像自己家了。

她恼于周末时间被表弟频繁占用，对爸妈的要求表示抗议。但爸妈却说："别人就占用你一点周末时间而已，又没影响你工作，何况亲戚间就是要多走动才更有感情啊。"

小水很苦恼。自从她表弟来了后，她的整个生活都乱套了，本来计划严谨的业余时间，就这样被悄悄占用了，她已经很久没有去骑行、没有读书，不能像以前那么自由做自己了。她的时间完全不属于她了，就像是被人给偷走了，关键是偷她时间的人，还偷得正大光明，而她表示下抗议，反而成了自私。

2

常常会有人对你说："就占用你一点时间而已。"他们说得很义正词严，是因为他们发自内心觉得，时间这个东西不重要。所以当你拒绝他们的时候，他们会觉得惊讶、委屈：看，我只是想占你一点时间而已，又不是来抢你的钱！

时间和金钱哪个重要？虽然我们小时候都学过"一寸光阴一寸金，寸金难买寸光阴"，但这句话对很多人来说，意义也就仅仅是考试的素材而已。

所以依然有那么多人总觉得别人的时间不值钱，除了能赚钱的上班时间，业余时间都是不值钱的，是可以被随便占用的。

他们之所以认为别人的业余时间不值钱，是因为他们自己的业余时间不值钱。

如果你去看一下他们的业余生活，你就会发现，他们除了上班，下班时间都在拉家常、说三道四、睡觉、刷剧，在无聊中度过。没有无聊的生活，只有放纵的生活态度。他们理所当然地认为，其他人的业余时间，也和他们过得一模一样。

对于懒散度日的人来说，他们不会知道世上还有另一种人，就是靠着珍贵的业余时间，在不断地提升自己；他们不会知道，有人会把业余时间的安排满满地写在日程表里，每一项都有精确的安排。

就像小水，工作对于她来说，只是生活的一部分。她的业余时间，比工作时间要精彩、丰富多了。也正是因为有着多姿多彩的业余时间，她才会变得越来越优秀，她的生活才越来越有层次感，她的各方面体验才越来越丰富，她的生命才越来越有质感。

人与人产生差距的源头，不在智力、能力、思维，而在于把时间和注意力用在哪里。

时间这种东西，看似挤一挤就会有，但是如何使用，效果将会有很大的不同。你每周读一本书，十年就是五百多本，你就可以涉猎百家；你每天写五百个字，你就可以著作等身。你每天发呆，十年就成呆萌；你每天狂吃，十年就成胖子。

人与人之间的差距就在于对自己时间的管理，平庸的人将时间挥霍在吃喝玩乐上，优秀的人将时间用在人脉拓展、自我升值上。你把别人珍贵的个人提升时间给无条件占用了，就相当于把他往无聊的道路上拉，你说别人愿意不愿意？你把别人的习惯打得稀碎，你说别人愿意不愿意？

3

“就占用你一点时间而已。”这句话的第二个潜台词是：“人与人之间应该分享，而你不愿把自己的东西给我，你就是自私，你就是不讲人情。”

人与人之间的确需要分享，但分享的前提一定是建立在双方自愿的基础上。

我愿意把自己的东西主动给你，这叫分享；我不愿意把自己的东西给你，然后你来抢，这叫抢劫；我不愿意把自己的东西给你，然后你骂我，逼着我把东西给你，这叫胁迫。

我珍惜我的时间，不愿把时间给你占用，那也是我的权利。我维护本就属于我的权利，不叫自私。

我们的社会是一个很讲人情的社会。人情是什么？人情是拉着你的手，我们一起来说一下东家长和西家短，说一下今天土豆卖几块钱，明天萝卜涨几毛，谈一下谁家老公爱撩，哪家老婆有猫儿腻，再研究一下东家墙边一棵草，西家母鸡下了蛋……这些鸡毛蒜皮的事你能和我一连说上好几个小时，还说得兴高采烈、乐在其中，那你的人情就好，也因此证明你这个人好，很热情。

你如果不肯和我们说这些东西，对这些不感兴趣，还自己躲一边看书，或者去听什么培训，不愿把你的时间拿出来共享，那你就是自私、古怪、不近人情，证明你人也不好，很冷漠。

在这些人的眼里，评价一个人好坏的标准，就是看能否和他们一起亲亲、抱抱、举高高。这种评判方式，未免太过偏颇。

人情无论对于一个社会，还是对于个人来说，的确有必要存在。花点时间，说些废话，的确是人与人之间交往与交流的一种方式。在这种看似“浪费时间”的方式下，人与人互相慰藉了心灵，建立了比较亲密的关系。而这些关系的建立，这些情绪的流通，的确会带给人一定的精神滋养。

但是，是否愿意构建人情、浪费时间的决定权，只能取决于你自己。如果你不想去构建人情，而更想把时间拿来做对自己有价值的事，那你可以理直气壮拒绝占用时间的请求。这不是不讲人情，而是对自己的时间有自己的安排。

我每次周末带小星去练跳舞的时候，总能看到大堆的家长，候在教室外磨嘴皮子，谈论着一些鸡毛蒜皮的小事消磨时间。我有时候会和他们一起聊聊天，但有时候也会转身找个清静的地方，看书或者写字。我认为，那一个多小时的时间很珍贵，一分钟都不愿意浪费，但怎么用，完全应该由我自己做主。

对于一个人来说，时间是比金钱更珍贵的东西，因为金钱丢了还可以再赚回来，但时间丢了，就再也找不回来了。把自己的时间花在值得和喜欢的事上，理所当然。

时间是一个人最大的财富，是一个人的私有财产，愿不愿意把时间交出来，决定权一直在你自己手中。倘若不愿，别人却总是要来无条件占用你宝贵的时间，那无疑就是在掠夺你的财富。

别说什么“就占用你一点时间而已”。就算是一点时间，也是一个人生命的一部分，是一个人财富的一部分。除非自愿，否则任何人都无权侵占。

而作为一个人，保护自己的时间，就是在保护自己的生命。倘若因为别人小小的一句埋怨，就无条件贡献出自己的时间，而自己心里又不甘、不愿，那就是在帮着别人谋杀自己的人生。

人们总以为时间是小偷，偷走了我们所爱的一切，但时间总是先给予再拿走。学会合理安排时间，那么每一天、每一小时、每一分、每一秒都是一份礼物。

不妨先做出点成绩，然后再强调自己的感受，

否则生命中只有叽叽歪歪，

怎么看都像是矫情。

26

寻找内心的声音，对内心以礼相待

1

如果内心没有渴望，即使能实现的梦想也实现不了。

有个亲戚的孩子曾打电话问我："你能给我建议一下大学读什么专业吗？我爸妈搞不定，他们说不大懂这些。"

我不假思索地反问他："你喜欢什么专业呢？"

他愣了好一会儿，随即讪笑起来："我喜欢什么……我喜欢……我哪知道我喜欢什么……"

没想到，这个亲戚认为我在糊弄他家孩子，不严肃对待他的问题。

其实，我很清楚他们为什么问我，不过是因为我曾经在高校当过几年老师罢了。他们认为我有这个工作经历，必然会比他们更清楚"现在哪个专业最吃香，哪个行情最好，读完后不仅能轻松找到工作，还可以获取高薪”，却没想到在我这里得到了一个如此“不着调”的答案。

我知道他们想要的是哪种答案。我完全可以对他们说，现在××专业就业前景非常好，××专业前景不乐观，你们一定要报××，千万不要去报××……可如果我那样说了，这个孩子就会在父母的规划下，拿自己的人生去走一条“别人的道路”。

至于他自己想不想走这条路，他到底想要的是什么，他不知道。因为没有人问过他这个问题，他也没有主动去想过。或许他会用一辈子去走这条别人的路，心安理得地一直走到老。但更有可能，随着心智的成熟，他在某一天突然意识到了自己真正想要做的事是什么。

此时，他也许会后悔，更多的是矛盾。原路走下去，是继续痛苦着当行尸走肉，而改换轨道，或许会因年龄、精力以及环境的影响需要花费巨大的成本。

内心没有想法的人，看似是在乘风破浪，其实只是辛苦地玩水而已。

2

在高校很多年，我遇见过无数这样的学生。

刚进学校的时候，他们常常说的一个词是：迷惘；临近毕业的时候，他们说得最多的一个词还是：迷惘。

他们经常问："老师，你觉得我们专业有前途吗？""老师，你觉得我以后干什么好？""老师，你觉得我应该朝哪个方向发展？"

你看，他们说的都是"你"：你认为，你觉得，你建议……他们从来不说"我"：我认为，我觉得，我建议……因为，他们早就习惯了一切都被别人规划。

每年的新生报到，总会有很多家长一脸焦虑地问："这个专业是干什么的啊？"也总有态度强硬的家长，表示务必把他家的孩子调到 ×× 专业，原因不过是，他已经详细咨询了他家亲戚的孩子的好朋友的老师，×× 专业现在非常热门，孩子如果读这个专业，一定会有好的就业前景。

家长们在一旁上蹿下跳地精打细算，年轻的孩子们却总是一脸漠然地站在背后。在他们身上感觉不到一点朝气蓬勃的气息，仿佛父母们谈论的，是无关紧要的别人的人生。

家长说，我们换个专业吧，他们无所谓；家长说，我问过 ×× 阿姨了，你读 ×× 专业绝对没错，他们说，哦；家长不停问，这些专业有什么不同，他们漠不关心。

他们对自己的人生没有概念、没有设想、没有规划，模模糊糊地沿着别人规划好的道路往前走，像傀儡、木偶，没有灵魂。

3

父母喜欢我们是什么样，我们就把自己变成他们喜欢的样子；老师希望我们是什么样，我们便尽一切可能让他们满意。

我们渴望得到他们的夸奖，看到他们满意的微笑。似乎只有令他们满意了，我们才有存在的价值；似乎只有他们给我们打了100分，我们才算“成功”了；似乎只有迎合了他们的评价标准，才是正确的、有价值的、值得赞赏的。

他们说我们厉害，我们就认为自己真的很厉害；他们说我们失败，我们就认为自己真的很失败。我们的整个人生，完全掌控在他们的手里。

我们好像从小就没有了灵魂，熟练掌握着一切察言观色的技能，轻而易举便能知道父母想要的是什么，老师们想要的是什么，所有那些不相关的人想要的是什么，唯独不知道自己想要的究竟是什么。

我们活着，好像只是为了让其他人满意。自己满不满意呢？我们不知道。

我们总是不停满足别人的需求，却从来不知道自己想要的是什么。我们用自己独一无二的人生，用自己宝贵的时间，在走着别人的道路，过着别人的生活，寻找着别人渴望得到的东西。

你被什么保护，就被什么限制，能给你遮风挡雨的，同样能让你不见

天日。有时候，安稳是一种保护，却也可能是一种桎梏。

4

几年前我听一个心理讲座，导师在黑板上用粉笔大大地写了一段话：问问你自己，这辈子你最想要的，究竟是什么？

全场寂然，每个人都表情凝重，目瞪口呆地盯着那段话，陷入沉思。

导师随后发给每人一张白纸，让我们在纸上写下自己最想要的五件东西。这五件东西可以是人，可以是物，可以是看得见的，可以是看不见的，可以是任何东西。

随后，她让我们划掉可以舍弃的一项。然后又是一项。最终，只剩下最后一项。

她说："看看你们纸上剩下的那个东西，那就是对你们来说，这辈子最想要的东西。"然后她让我们说说自己的感想。

有一个企业的高管说，他从来没有想到，留在纸上的东西，竟然和他自以为很重要，并且一直在追求的东西背道而驰。

另一个中学老师说，她纸上留下来的东西，竟然是她很小的时候一次一闪而过的模糊的心愿。

更多的人并没有作出最终的选择，甚至五个选项也写得很模糊，但是，这个问题起码让他们开始重新思考“我想要的究竟是什么”。

只要你知道了自己想要的究竟是什么，就会从身体中涌出无限的活力。这样的你，才是真正有血有肉有灵魂的你。

5

怎样才能找到自己真正想要的究竟是什么呢？有一个方法可以尝试一下：

一、给自己大概一小时的时间独处，避免外界因素的打扰。

二、准备好纸笔，纸多准备几张。

三、写下问题：“我到底想要得到什么？”

四、回答这个问题。你可以把所有浮现在脑海中的想法纷纷写下来，哪怕它乍看上去很可笑，也如实写下来，不要嘲笑自己，不要有任何评判标准。

五、重复第四步，直到感到一种最深的触动，甚至想要哭出来。

你写下来的所有“理想”或者“欲望”，其中也许大部分是主流的思维或他人的期盼。

但在你写的过程中，必然有几个想法会让你从内心升起一种特别的感觉。抓住这种特别的感觉，围绕这几个特殊的词句，进一步深挖，问自己：“我为什么想得到这个？”重复很多次之后，你便能够得到一个终极答案。

当你找到这个终极答案，你会不由自主地浑身颤抖、心脏紧缩，有的人甚至泪流不止，情感崩溃。

这个答案往往是一个很长的句子，或许在外人看来，有些傻，有些假大空，还有点装。但你知道它对你无比重要，你将理解自己过去许多经历的意义，你在潜意识里其实一直在追求它。它绝对是你想要的，是原本就扎根在你内心深处的。

当你找到它以后，或许会想起在以往的许多年里，你的很多行为都曾与它暗中契合。

假如暂时没有找到，也不要灰心。当你在自主地开始寻找时，你就已经脱胎换骨了，而答案也已向你慢慢走来，总有一天，它会浮现你面前。

成长的过程，是在独立和依赖之间寻求平衡的过程。如果能够找到适度的依赖，会让我们每一步都走得更加自信，但最终我们都要保持自主性，依靠自身决定人生。

对于一个人来说，最大的幸运，莫过于很早就知道自己想要的究竟是什么。你知道得越早，你追求目标花费的成本就越少。

而最大的不幸，则是一辈子浑浑噩噩、随波逐流，捡了一堆自己并不想要的东西，到死也不知道自己想要的究竟是什么。徒用几十年的光阴，来空拾一堆遗憾。活着，却像早就死了。

寻找内心的声音，对内心以礼相待，从来不是一件轻而易举的事。擦肩而过的无奈，失之交臂的痛苦，锲而不舍的疲惫，每个人都曾感同身受。

木心说："生命是时时刻刻不知如何是好。"

二十多岁，就算很多事真的想不明白，但有一件事必须明白：年轻时最不能压抑的，就是自己真正的想法。至于清心寡欲，看破红尘，清新脱俗，交给六十岁的你吧。

人生免不了苟且，但有时，也需要抬起头看看远方不一样的风景。

27

他爱你有多深，
就看他欣赏你有几分

1

作家莫言说：“一个人，风尘仆仆地活在这个世界上，要为喜欢自己的人而活着。这才是最好的态度。不要在不喜欢你的人那里丢掉了快乐，然后又在喜欢自己的人这里忘记了快乐。”深以为然。

我有个很好的朋友西瓜，在高中时就和一个男生谈了恋爱。

西瓜来自一个小镇，在镇上读高中。那个男生因为成绩差，家庭条件也不好，初中读完就没再读书了，他就在镇上的一家店里做学徒。他每个月可以赚点小钱，大部分都贴补家里。

那时，西瓜和男生的事在小镇里是众所周知的秘密。西瓜的妈妈当然也知道，但是她表现得非常淡定。西瓜的妈妈认为，她的学霸女儿考上大学是毫无疑问的事。一旦西瓜上了大学，不用她开口，

西瓜就会主动要求和男生分手。

大家都认为西瓜只是一时好玩，但他们都错了。

西瓜考上大学离开家乡之后，还和那个男生保持着情侣关系。这一保持，就是四年。

尽管西瓜在大学越变越美，尽管身边总不乏追求者，尽管她和男友只有假期才能见面，但西瓜像石头一样面对诱惑纹丝不动。

我觉得西瓜之所以能这么坚定，一定是她男友拥有盖世美貌。除此之外，还能有什么别的理由吗？我想不出来。

于是，我强烈要求西瓜分享照片。看过照片之后我大失所望，男生虽然不丑，但也并没有很美，就是普普通通的一个人，放人群里寻都寻不到的那种。

我十分不解地问西瓜："他的魅力究竟在何方？"

西瓜娇羞地一笑："其实，就是和他在一起很舒服啊，和他在一起，总让我感觉到自己是有价值的。"

这么模棱两可的心得体会让我以为西瓜实在是找不到优点说了，勉强给男友个面子。直到有一回我亲眼看到他们的相处模式。

男生到学校来看西瓜。他是个很普通、很害羞的人，也不怎么说话，只是默默站在西瓜身边。当西瓜说话的时候，笑的时候，吃饭的时候，走路的时候……他都会在旁边充满欣赏之情地注视着她。

他看向西瓜的眼神，满满都是光。

我从来没有见过一个男生可以用那么欣赏而专注的眼神看一个女生，这种眼神让我感觉西瓜就是他世界里的神。我相信，哪怕再过上半个世纪，他的欣赏和专注也丝毫不会改变。

实际上，西瓜自从和他在一起后，状态的确越变越好。她越来越自信，也越来越美丽。

西瓜说，刚进高中的时候她满脸都是青春痘，穿着打扮又土。班上有些男生就笑话她，让她很自卑，走路都是缩头缩脚的，说话声音小得像蚊子叫，从来不敢和人对视。

她男朋友就在那时喜欢上她。他很羞涩地说她很可爱、很漂亮，也很佩服她的聪明。他会在每一个细节里研究她，欣赏她，肯定她。是他，让她学会了如何欣赏自己，如何爱自己；是他，让她找到了自己的价值。

和他在一起，她总是越变越好，越活越精彩；和他在一起，她会觉得平凡生活的每一天都充满了意义，每一天都充满着阳光和笑容。而其他的男生，没有一个会让她有这样的感觉。

大学毕业后，西瓜嫁给了他。或许男生本身没有什么特别的魅力，也没有什么炫目的光芒，但他却能够让她展现出魅力和光芒。

西瓜说，相比颜值和金钱，她更愿意嫁给一个能让自己闪闪发光的人。

2

我的另一个同学小佳，就没有西瓜这么幸运了。她的男友 X 先生长相英俊、身材修长，看外表自然是极好的，家庭背景也很不错。但是，小佳自从和 X 先生交往之后，状态一天比一天差。

小佳本来心思单纯，长相和身材都还好，在单身的时候属于天天傻乐个没完的单细胞生物。但自从遇见了 X 先生，她就毁了。

小佳见 X 先生的第一面就被他深深吸引，她使出浑身解数总算把 X 先生拿下了。

但是 X 先生自认颜值逆天，屈就于小佳令他倍感委屈，他觉得他应该在更美艳的青春少女那里发光发热才对。于是，他对小佳极尽挑剔之能事。

小佳梳头他要挑剔，嫌小佳不会打扮；小佳走路他要挑剔，嫌小佳走路像个男人；小佳点菜他还是要挑剔，嫌小佳口味奇葩……总之，他总能随时随地找出 N 个嫌弃小佳的理由，中心思想归纳起来其实就是：小佳哪哪都不好。

小佳不够漂亮，小佳不够聪明，小佳不够温柔，小佳三观奇葩，和小佳没有共同语言，小佳所言所行、所作所为都值得嘲笑一番。

小佳喜欢看文艺电影，他说："这么闷的电影你居然看得下去？你口味真奇葩。"

小佳特地换了一条新裙子去见他，他说：“这什么裙子？真肥大，丑死了。”

两人出去玩，小佳买了零食，他说：“你选的这个东西有什么好吃的，真可笑。”

……

一个人，如果失去了自信，那也就意味着失去了快乐。

小佳和这个男生在一起后，连性格都发生了翻天覆地的变化，她变得沉默寡言、忧心忡忡，很多天脸上都看不到一个笑容。她的这种状态，也直接影响了她的学习和生活。因为她总觉得自己很差，也就真的在现实中变得很差。

如果你在一段感情里始终觉得身心都好累，皱着眉、压抑自己的时候也很多，你真的该好好理清楚，是否有继续下去的必要。

不要以为忍一忍就会变好，快乐就会在不远处等你。事是不会自动变好的，变好只是因为你做出了改变。不对的人就是不对的人，从来不会因为你能忍，或者多熬点时间，就变成对的人。

在爱情里，不要太自卑了，你的可爱之处比你想象中的还要多。

不要因为太爱一个人就妥协，放弃自己的想法、骄傲或者自我。你值得被光照耀，而不是被爱圈在狭小的空间里，等待那个人偶尔的宠爱，还以为那就是爱情。

人和人之间是有磁场的，不对的磁场会不断地吸引你人格里不好的一面，通过消耗自己来维持亲密，注定会失败。

3

有一首歌叫《忘记他》，里面有这样一句歌词："从来只有他，可以令我欣赏自己，更能让我去用爱，将一切平凡事，变得美丽。"

爱的一个特征，就是发自内心的欣赏；而不爱的一个特征，就是发自内心的挑剔。

有很多陷入爱情的姑娘会问："他到底爱不爱我啊？"其实，一个人爱不爱你，看你自己的状态就知道。

太多的人是不具备判断力的，尽管他们以为自己有。他们在自己的判断里添加了太多的愿望，蒙蔽了自己的心智。

缺失判断力的人，对自己有一种让人惊讶的宽容，那就是他们可以随心所欲地愚蠢到极致。

假如一个人真的爱你，那他必然会发自内心欣赏你、肯定你，在他身边，你会感觉自己总是快乐的、充满自信的、有价值的。

假如一个人不爱你，那他必然会发自内心地挑剔你、嫌弃你，在他身边，你会感觉到自己总是忧愁的、不快乐的、没有自信的、惶恐的、无价值的。

如果你在一个人的身边，你的状态很好，总是神采奕奕、精神抖擞，对一切事充满干劲，工作或学习都很顺利，觉得世界真是美好，那你肯定是被这个人真爱着的。

如果你在一个人的身边，你的状态很差，总是萎靡不振，对一切事都缺乏干劲，无论做什么都觉得自己不会成功，工作或学习都不顺利，认为世界一点也不美好，那你肯定不是被这个人真爱着的。

爱应该是让人骄傲的礼物，让人可以变得更好的礼物，是配得上你的礼物。一段好的关系，不会让你经常感到自卑，反倒因为拥有了对方，而让你感到无比自信。

只有真爱，才可以让你一天比一天更欣赏自己。所以，别和不懂欣赏你的人在一起。

他爱你有多深，就看他欣赏你有几分。

衡量感情的标准之一是：不会让你否定自己。让人变渺小的感情可耻，让人变成孩子的感情才可贵。

人在做正确的事时，

脑子是清醒的，能够听得进建议，会被说服；

人在做错误的事时，

脑子是不清醒的，别人的话是听不进去的。

28

生活能治愈的，是愿意好起来的人

1

如果你过的不是自己负起责任的生活，是不可能有使自己满意的人生的。

我们经常会被亲戚、朋友询问各种意见。

比如：

“你帮我看看我家小明高考填什么志愿比较好？”

“我不喜欢现在的工作，想要辞职，但我又觉得在这个单位工作三年了，一下辞了太可惜，你觉得我是辞好还是不辞好？”

“我和老公的感情破裂了，想和他离婚，但又觉得孩子太可怜了，你说我到底是离婚好还是不离婚好？”

“我家 ×× 快大学毕业了，他自己对未来也没什么计划，你这个做姐姐的，是觉得他该继续读研还是早点工作？”

“我觉得我女朋友不够爱我，我要不要分手？”

……

他们把各种各样的问题摆在你的面前，真诚地询问你的意见，眼睛里闪烁着崇拜和希冀的光芒。这时候，你很容易产生一种错觉：自己在他们眼中是相当重要的存在，他们依赖你，以及你的意见。

在他们充满希望的注视下，本来不是某一方面专家的你，也会产生一种“我是专家”的错觉。

你会竭尽所能，动用自己掌握的一切知识，帮助他们详细地分析，最后给出一个尽量“完美”的建议。

他们感激地接受了你的建议。你以为自己帮助了他们，心内洋溢着助人为乐的快感。然而，过段时间，你发现他们对你不仅不感激了，反而充满怨言。

我就有过类似的经历。

曾有一个亲戚来询问我，是否该送他家小孩去读大学。情况是这样：他家孩子成绩一般，家长不想继续送小孩读书，但孩子自己想要继续读，于是产生了意见分歧。

我给他详细分析了读大学的好处，并自以为说服了他。他也接受了我的建议，送小孩去读了大学。

谁知，他家孩子大学毕业后，因学校和专业不好，很长一段时间没有找到工作。可想而知，我那个亲戚是有多埋怨我当初的建议。至于他家孩子，也并没有因此感激我，反而把找不到工作的无力感和怨气发泄到了我的身上，和他爸妈一起埋怨我。至今他们一家看到我，仍是一副不冷不热的模样。

我听过他们私下里对其他人说：“如果当时我们没听她的意见，没送儿子去读大学，早点读个职业技术学校出来，哪会多花那么多钱还找不到一个好工作？唉，亏了！”

我也是无语问苍天啊！

很多人都不满意自己的状态，同时又欠缺承担改变的勇气。

2

为什么生活中总是有那么多人喜欢一遇到问题就到处询问别人的意见？他们真的觉得别人很专业、很权威，还是他们自己真的一点主意也没有，完全不知道该怎么办？大多情况并不是。

他们喜欢去询问别人，让别人给建议，或许只是想确认一下自己的想法。

东野圭吾在《解忧杂货店》里针对写咨询信的人的描述是：“很多时候，咨询的人心里已经有了答案，来咨询只是想确认自己的决定是对的。”

在询问别人的时候，询问者心里往往已经有了选择和答案，只是，他们害怕选错，或者不敢肯定，需要别人的意见来坚定他们的信心。

他们之所以害怕选错，不敢肯定，是因为害怕承担失败或失误的责任。因为如果责任全在自身，会让他们自信心受损甚至心态崩盘，因为他们的心理自体太过虚弱。为了维护虚弱的自体，他们不想承担任何失败或失误的责任。只有如此，他们才能始终对自己感觉良好。

找别人来提供意见，来坚定他们的意见，实际上有两种好处：

一是，让他们觉得更保险。毕竟，人数越多的意见，出错概率就越小。这样他们就不用独自承担失败或失误的责任。

二是，因为未来谁也无法保证，连他们自己也无法保证。如果是别人帮他们作出了决定，那么后果就可以由别人来帮他们分担了，甚至完全承担了。

在这种情况下，他们也不用承担失败或失误的责任。而只要执行选择后的结果不是他们想要的，他们就可以义正词严地说："唉，都怪当初听了 ××× 的意见，所以我才会这样。"

如此一来，他们无辜了，而别人却成了罪人、坏人。

那个因孩子读书而来询问我意见的亲戚，其实无论我给出的意见是什么，只要后来的发展没有达到他的期望值，他都可以将其怪罪于我：都是因为当初听了她的意见，所以才会……

我建议他让孩子读大学，结果孩子大学毕业后找不到工作，所以他怪我；倘若我当初建议他不让孩子读大学，他就会感激我吗？

不，他同样会怪我。

正因为选择了其中一条道路，另一条道路就会在想象中被无限美化，而无论他选择的是哪一条，另一条道路一定是完美的。所以他永远都有怪罪别人的理由。

3

错误的认知是吞噬一切的黑洞，它坑人于无形，让人在快乐中衰败却不自知。

我们总是希望别人可以帮助我们解决一切问题。升学了，那我得去问问别人的意见，我该填什么志愿；交了男朋友，那我得去问问闺密们的意见，看看这个人怎么样；在工作中感觉不大好，那我得去问问牛人们的意见，该不该跳槽或创业。

有些人鄙视“鸡汤”，认为“鸡汤”里没什么对自己有用的干货。那是因为我们总希望能像小学生一样，不需要怎么动脑筋，不需要怎么花力气，只需要“英明的老师”教给我们“秘籍”，然后我们像机器人一样完全照搬，就可以被老师轻松带上人生巅峰。

随着年龄的增长，如果心灵还停留在幼小时期，凡事都希望有套路可循，那其实只能算长大，不能算成长。

没有人可以帮你过好你的这一生，除了你自己；没有人可以替你担起你人生的责任，除了你自己。

我曾去参加过心理咨询师的培训。在心理咨询中，有一个重要的原则：助人自助。

什么意思呢？就是倘若求助者有具体的问题困扰，比如："我该不该辞职啊？""该不该分手啊？"……咨询师并不会直接为求助者回答具体的问题，给出具体的建议，而是运用专业知识帮助求助者找到和认识到问题产生的深层次原因，从而让求助者看清自己的原因，通过自主改变行为模式或者思维方式，来自己解决面临的问题。

换句话说，咨询师的任务并不是把"汤"喂到求助者嘴里，而是让求助者自己选择他该喝的"汤"，以及喝的方式，从而把自己拯救出来，或者学会自己解决难题，这就是所谓的"授人以鱼，不如授人以渔"。

为什么看了很多道理，却还是过不好自己这一生？

第一，你没有珍惜你的现在，你活在想象里。

第二，道理都是别人告诉你的，也许对别人很好，对你却没有营养。你应该学会的，是你自己要喝什么"鸡汤"，以及你怎样喝才可以把自己养得更强大。

你读过的书，不能一下子对你起作用，你听过的道理也一样。有一关

你必须过，就是必须过自己那一关。

所有的道理都只是道理而已，并不是你吃下去就可以一生万事无忧的万灵丹。能把你这一生过好的，永远只能是你自己。所有的道理，都只是你拿来过好这一生的遵循而已。这些道理你用不用、怎么用、什么时候用，是你自己要负责的事。

别再问别人“我该怎样做”“你觉得我选哪个才更好”，你该怎样，你该选哪个，能正确回答的，只能是你自己。

图书在版编目（CIP）数据

这世界喜欢晴朗的人 / 清蓝著. -- 北京 ：中国妇女出版社，2025.1（2025.5重印）
ISBN 978-7-5127-2381-8

Ⅰ. ①这… Ⅱ. ①清… Ⅲ. ①人生哲学－通俗读物 Ⅳ. ①B821-49

中国国家版本馆CIP数据核字(2024)第070650号

选题策划：悦风文化
责任编辑：应莹　郭丽丽
责任印制：李志国

出版发行：中国妇女出版社
地　　址：北京市东城区史家胡同甲24号　　邮政编码：100010
电　　话：（010）65133160（发行部）　　65133161（邮购）
网　　址：www.womenbooks.cn
邮　　箱：zgfncbs@womenbooks.cn
法律顾问：北京市道可特律师事务所
经　　销：各地新华书店
印　　刷：吉林省吉广国际广告股份有限公司

开　　本：145mm×210mm　1/32
印　　张：8
字　　数：190千字
版　　次：2025年1月第1版　　2025年5月第2次印刷
定　　价：52.80元

如有印装错误，请与发行部联系